普通高等职业教育计算机系列教材

Android Studio
移动应用开发高级进阶

罗　佳　吴绍根　主　编

電子工業出版社

Publishing House of Electronics Industry

北京 • BEIJING

内 容 简 介

本书是 Android Studio 移动应用开发系列教材的高级篇。本书在《Android Studio 移动应用开发基础》教材的基础上，对 Android 的知识点进行了扩充介绍，其内容包括样式和主题、再谈 Fragment、Dialog 对话框、Notification 通知、Android 支持包的使用、自定义组件、触屏事件和基于矩阵的图像变换、使用网络、定位和地图、Android 电话控制、短消息 SMS 和多媒体消息服务 MMS、Android NDK 开发入门，以及 Android 游戏开发实例。针对本书各个章节涉及的知识点，编者安排了多个案例，由易到难，以此来引导读者学习，读者通过完成这些案例可以了解知识点的应用情况；同时，编者针对每个案例还设计了对应的练习题，让读者在完成知识点学习后能够有对应的实践过程。

本书各章内容翔实、案例典型、实践性强，既可作为高职高专相关专业课程的教材和教学参考书，也可供从事 Android 移动编程开发工作的用户学习和参考，适合具有 Android 开发基础的读者学习。

图书在版编目（CIP）数据

Android Studio 移动应用开发高级进阶 / 罗佳，吴绍根主编. —北京：电子工业出版社，2019.8

普通高等职业教育计算机系列规划教材

ISBN 978-7-121-37002-1

Ⅰ. ①A… Ⅱ. ①罗… ②吴… Ⅲ. ①移动终端－应用程序－程序设计－高等职业教育－教材 Ⅳ. ①TN929.53

中国版本图书馆 CIP 数据核字（2019）第 131717 号

责任编辑：徐建军　　　特约编辑：田学清
印　　刷：北京虎彩文化传播有限公司
装　　订：北京虎彩文化传播有限公司
出版发行：电子工业出版社
　　　　　北京市海淀区万寿路 173 信箱　　邮编：100036
开　　本：787×1 092　1/16　印张：13.25　字数：381.6 千字
版　　次：2019 年 8 月第 1 版
印　　次：2025 年 1 月第 6 次印刷
定　　价：39.00 元

凡所购买电子工业出版社图书有缺损问题，请向购买书店调换。若书店售缺，请与本社发行部联系，联系及邮购电话：（010）88254888，88258888。

质量投诉请发邮件至 zlts@phei.com.cn，盗版侵权举报请发邮件至 dbqq@phei.com.cn。

本书咨询联系方式：（010）88254570，xujj@phei.com.cn。

前　言

本书是 Android Studio 移动应用开发系列教材的高级篇，与本书配套的《Android Studio 移动应用开发基础》介绍的内容是所有 Android 开发人员必须具备的 Android 基础知识，本书在前书的基础上，针对 Android 的高级应用进行了知识扩展，主要介绍了 Fragment 的应用、Notification 通知、Android 支持包的使用、自定义组件、触屏事件和基于矩阵的图像变换、使用网络、定位和地图、Android NDK 开发入门及 Android 游戏开发实例等内容。本书中的示例都是针对知识点精心设计的，并配有对应的练习题。读者按照书中的问题解决步骤进行学习，可以对所学知识点有清楚的认知，通过练习书中对应的示例，可以对知识点做进一步巩固，从而做到"学中做，做中学"。

本书还具有如下几个特点。

1．针对 Android 高级应用选取知识点

当前 Android 应用技术涉及的知识点除了前书介绍的基础内容，还包括自定义 UI 组件、图形图像处理、位置服务及游戏开发等内容，本书针对当前 Android 应用常用的高级技术进行了知识点的选取，主要包含高级 UI 组件的应用和自定义、图像处理、定位技术及游戏和 NDK 开发等内容。

2．案例驱动，实用性强

本书采用了案例驱动的方式来讲授知识点，每个知识点都可找到对应的参考实例，同时还设计了对应的练习题供读者独立实践，使得读者学习后能够通过实践对知识点进行巩固。

3．通俗易懂，讲解详细

本书主要的风格是语言通俗易懂、操作步骤详细、编程思路清晰。只要读者有一定 Android 开发基础，通过阅读本书就可以进一步提升 Android 开发水平。

本书由多年从事 Java 及 Android 等移动开发教学经验的广东轻工职业技术学院的罗佳和吴绍根组织编写，最后由罗佳负责统稿和审校。在编写过程中，企业工程师吴边等提供了大量真实案例和宝贵建议，在此表示衷心感谢！

为了方便教师教学，本书配有电子教学课件及相关资源，请有此需要的教师登录华信教育资源网（www.hxedu.com.cn）下载，如有问题可在网站留言板留言或与电子工业出版社联系（E-mail：hxedu@phei.com.cn）。

由于编者水平有限，编写时间仓促，书中难免存在不足之处，敬请读者给予批评和指正。

编　者

目录

第1章

样式和主题

在进行程序的界面设计时，界面及界面上的组件经常需要进行显示外观的设置。例如，界面的背景颜色、字体的大小、字体的颜色、组件显示的大小、组件的填充效果、标题栏显示与否等。当然，你也可以为每个组件设置自己的显示属性。但是，为了便于对外观进行统一管理，我们需要将这些外观设置集中起来。Android 是通过样式，即 style，来完成这个工作的。在 Android 中使用样式来定制外观，需要做两个方面的工作，一是定义样式；二是应用样式。先从一个简单的例子谈起。

1.1 样式入门

我们先通过一个简单的例子来看看 Android 是如何定义样式，以及如何使用定义好的样式的。新建一个名称为 Ex01StyleTheme01 的 Android 工程。先将 res/layout/activity_main.xml 文件内容修改为如下代码：

```
<?xml version="1.0" encoding="utf-8"?>
<LinearLayout xmlns:android="http://schemas.android.com/apk/res/android"
    android:layout_width="match_parent"
    android:layout_height="match_parent"
    android:orientation="vertical"

    <Button
        android:layout_width="match_parent"
        android:layout_height="0dp"
        android:layout_weight="1"
        android:text="@string/text_btn_01" />

    <Button
        android:layout_width="match_parent"
        android:layout_height="0dp"
        android:layout_weight="1"
        android:text="@string/text_btn_02" />

    <TextView
        android:layout_width="match_parent"
        android:layout_height="0dp"
        android:layout_weight="1"
        android:gravity="center"
        android:text="@string/text_textview" />
```

```
</LinearLayout>
```

这个布局很简单：一个 LinearLayout 容器中包含两个按钮和一个文本框，并且这三个组件平分 LinearLayout 的显示空间。然后修改 res/values/strings.xml 文件，在其中定义几个字符串常量资源，其代码如下：

```
<?xml version="1.0" encoding="utf-8"?>
<resources>

  <string name="App_name">Ex01StyleTheme01</string>

  <string name="text_btn_01">第一个按钮</string>
  <string name="text_btn_02">第二个按钮</string>
  <string name="text_textview">学好 Android 的样式和主题</string>

</resources>
```

所定义的三个常量资源，其实就是在布局文件中引用到的三个字符串常量。EX01StyleTheme01 程序运行结果如图 1-1 所示。

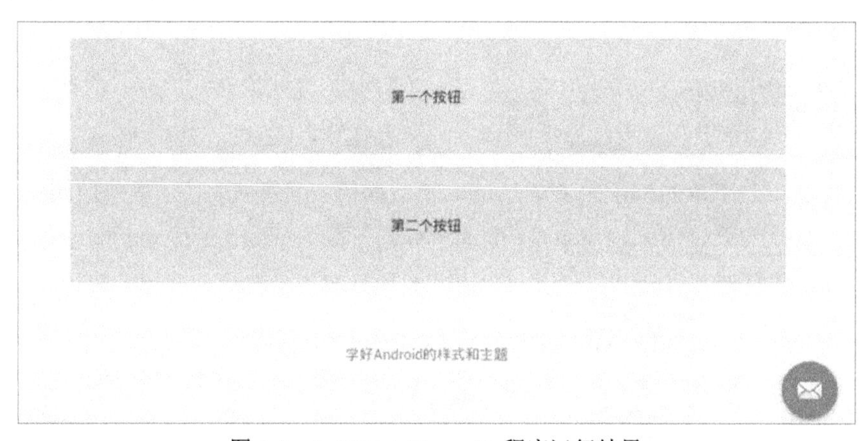

图 1-1　Ex01StyleTheme01 程序运行结果

从图 1-1 可以看出，两个按钮和文本框都使用了 Android 自定义的默认样式，现在我们修改按钮及文本框的样式。在 res/values 工程目录下，新建一个名为 mystyles.xml 的文件，并将其内容修改为如下代码：

```
<resources>

  <style name="MyButtonStyle">
     <item name="android:textColor">#00FF00</item>
     <item name="android:background">#FF0000</item>
     <item name="android:textSize">16sp</item>
  </style>

  <style name="MyTextViewStyle">
     <item name="android:textColor">#0000FF</item>
  <item name="android:typeface">monospace</item>
  </style>

</resources>
```

在mystyles.xml文件中，我们定义了两个新的style定义：其中一个style的名为MyButtonStyle，另一个 style 的名为 MyTextViewStyle。在 MyButtonStyle 中，我们定义了文本颜色、背景和文字大小；在 MyTextViewStyle 中，我们定义了字体颜色和字体类型。

现在将这两个已经定义好的 style 应用到界面的组件：将 MyButtonStyle 应用到界面的第一个 Button 组件，将 MyTextViewStyle 应用到界面的 TextView 组件。将 res/layout/ activity_main.xml 文件内容修改为如下代码：

```
<?xml version="1.0" encoding="utf-8"?>
<LinearLayout xmlns:android="http://schemas.android.com/apk/res/android"
    android:layout_width="match_parent"
    android:layout_height="match_parent"
    android:orientation="vertical">

    <Button
        android:layout_width="match_parent"
        android:layout_height="0dp"
        android:layout_weight="1"
        style="@style/MyButtonStyle"    //将定义好的 style 应用到这个组件
        android:text="@string/text_btn_01" />

    <Button
        android:layout_width="match_parent"
        android:layout_height="0dp"
        android:layout_weight="1"
        android:text="@string/text_btn_02" />

    <TextView
        android:layout_width="match_parent"
        android:layout_height="0dp"
        android:layout_weight="1"
        android:gravity="center"
        style="@style/MyTextViewStyle"  //将定义好的 style 应用到这个组件
        android:text="@string/text_textview" />

</LinearLayout>
```

注意上述代码第一个按钮中的代码为：

```
        style="@style/MyButtonStyle"    //将定义好的 style 应用到这个组件
```

这句代码将定义好的 MyButtonStyle 应用到这个组件。同时，TextView 对应的代码为：

```
        style="@style/MyTextViewStyle"  //将定义好的 style 应用到这个组件
```

这句代码将定义好的 MyTextViewStyle 应用到这个 TextView 组件。添加样式后的 Ex01StyleTheme01 程序的运行效果如图 1-2 所示。

比较图 1-1 和图 1-2 可知，添加样式前后程序的运行效果不同。通过这个例子，我们对 Android 的样式的定义和使用已经有了初步了解，下面将详细介绍如何定义样式及如何使用样式。

图 1-2　添加样式后的 Ex01StyleTheme01 程序的运行效果

1.2　定义样式

1.2.1　定义样式的一般方法

为了定义样式，你需要在 res/values 工程目录下新建一个 XML 文件，当然，你也可以在现有的某个文件下，如 styles.xml，直接添加要定义的样式。定义样式的一般格式如下所示：

```
<?xml version="1.0" encoding="utf-8"?>
<resources>

   <style name="自定义样式名称" parent="父样式名称">
      <item name="样式属性名称">属性值</item>
      ......
   </style>

   <style name="自定义样式名称" parent="父样式名称">
      <item name="样式属性名称">属性值</item>
      ......
   </style>

   ......

</resources>
```

可以通过在 Java 程序中使用 R.style.定义样式名称来访问定义的样式，也可以通过在 XML 文件中使用@style/自定义样式名称来访问定义的样式。注意，在样式定义中 parent="父样式名称"，意味着样式定义是支持继承的，也就是我们常说的级联样式，同时，样式定义中的 parent 属性是可选的。我们看一个样式定义的例子：

```
<?xml version="1.0" encoding="utf-8"?>
<resources>

   <style name="GreenText" parent="@android:style/TextAppearance">
         <item name="android:textColor">#00FF00</item>
   </style>

</resources>
```

在上述样式定义中，我们定义了一个名称为GreenText的样式，它继承了Android平台已定义的名称为@android:style/TextAppearance的样式，同时将@android:style/TextAppearance中android:textColor属性的值修改为#00FF00，也就是将文本字体修改为绿色。定义了名为GreenText的样式后，就可以通过继承来定义新的样式了，如定义名为GreenTextLarge的样式，其代码如下所示：

```
<?xml version="1.0" encoding="utf-8"?>
<resources>

    <style name="GreenText" parent="@android:style/TextAppearance">
           <item name="android:textColor">#00FF00</item>
    </style>

    <style name="GreenTextLarge" parent="@style/GreenText">
           <item name="android:textSize">32sp</item>
    </style>

</resources>
```

上述代码采用继承的方式定义了一个名为GreenTextLarge的样式。由于GreenText样式是自定义的样式，所以还可以使用如下方式来定义样式的继承：

```
<?xml version="1.0" encoding="utf-8"?>
<resources>

    <style name="GreenText" parent="@android:style/TextAppearance">
           <item name="android:textColor">#00FF00</item>
    </style>

    <style name="GreenTextLarge" parent="@style/GreenText">
           <item name="android:textSize">32sp</item>
    </style>

    <style name="GreenText.Small">    //针对自定义的父样式，可以采用这种方式来继承
           <item name="android:textSize">8sp</item>
    </style>

</resources>
```

上述代码定义了一个名为GreenText.Small的样式，注意该样式名称比较特殊，这个名称表示GreenText.Small是一个新样式，但是它的父样式是GreenText样式。

1.2.2　样式定义中的可用属性

在样式定义中可以使用的属性随着定义样式应用目标的不同而不同。例如，定义一个针对TextView组件的样式和一个针对ImageView的样式，可以使用的属性是不相同的。因此，在定义样式时应该针对该样式的应用目标，参考组件的可用XML属性来确定可用属性。一种特殊情况是，如果你将某个样式定义应用到某个组件，而在这个样式定义中包含应用到的组件不支持的属性，那么该组件会自动忽略这个不支持的属性，且不影响其他支持属性的作用。

对Android支持的完整属性列表感兴趣的读者可以参考Android帮助文档中的android.R.styleable类，这个类给出了针对每个Android组件的完整的样式定义可用属性。从

android.R.styleable 类中查看 ImageView 组件的可用属性如图 1-3 所示。

public static final int[] ImageView

Attributes that can be used with a ImageView.

Includes the following attributes:

Attribute	Description
android:adjustViewBounds	Set this to true if you want the ImageView to adjust its bounds to preserve t ratio of its drawable.
android:baseline	The offset of the baseline within this view.
android:baselineAlignBottom	If true, the image view will be baseline aligned with based on its bottom edg
android:cropToPadding	If true, the image will be cropped to fit within its padding.
android:maxHeight	An optional argument to supply a maximum height for this view.
android:maxWidth	An optional argument to supply a maximum width for this view.
android:scaleType	Controls how the image should be resized or moved to match the size of this I
android:src	Sets a drawable as the content of this ImageView.

图 1-3　从 android.R.styleable 中查看 ImageView 组件的可用属性

同时，ImageView 是 View 的子类，因此，View 的可用属性也是 ImageView 的可用属性，在 android.R.styleable 类中，可以查看 View 组件的可用属性，如图 1-4 所示。

public static final int[] View

Attributes that can be used with View or any of its subclasses. Also see ViewGroup_Layout for attributes that processed by the view's parent.

Includes the following attributes:

Attribute	Description
android:accessibilityLiveRegion	Indicates to accessibility services whether the user should b when this view changes.
android:alpha	alpha property of the view, as a value between 0 (completely transparent) and 1 (completely opaque).
android:background	A drawable to use as the background.
android:backgroundTint	Tint to apply to the background.
android:backgroundTintMode	Blending mode used to apply the background tint.
android:clickable	Defines whether this view reacts to click events.
android:contentDescription	Defines text that briefly describes content of the view.

图 1-4　View 组件的可用属性

1.3　应用样式

完成样式定义后，就可以将定义好的样式应用到需要的地方了，即将样式应用到某个组件，或将样式应用到某个 Activity 或整个应用程序。

1.3.1　将样式应用到某个组件

将定义好的样式应用到某个组件是一件非常简单的工作：在组件的配置中，添加“style” XML 配置属性。例如，将上文定义的 GreenText.Small 样式应用到 TextView 的定义中，只需要加上 style 属性即可，其代码如下所示：

```
<TextView
    style="@style/GreenText.Small"
   ......
    android:text="@string/hello" />
```

你可以将样式应用到具体组件，也可以将样式应用到容器组件，注意，应用到容器组件的样式只对这个容器组件有效，对放置于这个容器中的子组件无效。

1.3.2 将样式应用到某个 Activity 或整个应用程序

本章的标题是“样式和主题”，可是到目前为止我们一直没有介绍什么是主题。那么，到底什么是主题呢？用一句话来说就是，当我们把样式应用到某个 Activity 或整个应用程序时，这个样式就成了主题。为了将样式应用到某个 Activity 或整个应用程序，需要在 AndroidManifest.xml 文件中针对该 Activity 或整个应用程序添加 android:theme 属性。我们可以先定义一个如下样式：

```
<?xml version="1.0" encoding="utf-8"?>
<resources>
   <color name="custom_theme_color">#b0b0ff</color>
   <style name="CustomTheme" parent="@ style/MyTheme.Light">
       <item name="android:windowBackground">@color/custom_theme_color</item>
       <item name="android:colorBackground">@color/custom_theme_color</item>
   </style>
</ resources >
```

然后，将这个样式应用某个 Activity，其代码如下：

```
<activity android:theme="@style/CustomTheme">
```

或将这个样式应用到整个应用程序，其代码如下：

```
<Application android:theme="@style/CustomTheme">
```

那么这个样式就是主题。

主题是一种特殊的样式，由于主题样式是应用于某个 Activity 或整个应用程序的，Android 为主题样式的定义引入了一些特殊的属性。例如，android:windowNoTitle 属性就只能用于对主题样式的定义，该属性表示在显示某个 Activity 或整个应用程序时不显示 Activity 的标题；android:textSelectHandle 表示在进行文本选择时显示的文本定位图片资源等。完整的可用于主题样式定义的属性可参考 Android 帮助文档 android.R.styleable 类定义中的 Theme 小节。部分可用于主体样式的属性如图 1-5 所示。

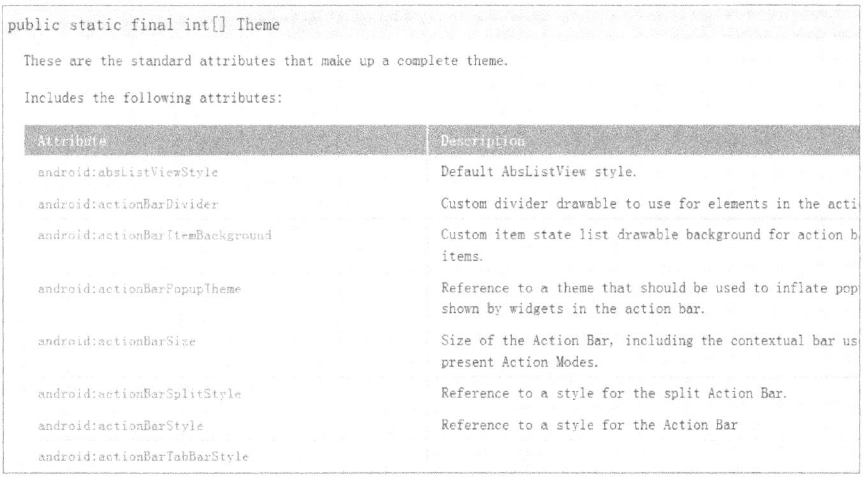

public static final int[] Theme

These are the standard attributes that make up a complete theme.

Includes the following attributes:

Attribute	Description
android:absListViewStyle	Default AbsListView style.
android:actionBarDivider	Custom divider drawable to use for elements in the acti
android:actionBarItemBackground	Custom item state list drawable background for action b items.
android:actionBarPopupTheme	Reference to a theme that should be used to inflate pop shown by widgets in the action bar.
android:actionBarSize	Size of the Action Bar, including the contextual bar us present Action Modes.
android:actionBarSplitStyle	Reference to a style for the split Action Bar.
android:actionBarStyle	Reference to a style for the Action Bar
android:actionBarTabBarStyle	

图 1-5　部分可用于主题样式的属性

1.4 使用 Android 平台已定义的样式和主题

Android 平台定义了一系列样式和主题以供应用程序使用，在所有定义的样式中，以 Theme 开头的样式是主题样式，其他样式则是普通样式。Android 完整的样式定义可参考 android.R.styleable 类。要使用 Android 已定义的样式或主题，需要将样式或主题名中的下画线（_）替换为小数点（.）。例如，为了在程序的某个 Activity 中使用 Theme_NoTitleBar 主题样式，则需按如下方式使用：

```
<activity android:theme="@android:style/Theme.NoTitleBar">
```

1.4.1 Android 已定义的典型的样式

根据不同的 Android SDK 版本，Android 自定义了一系列的主题，如下是典型的 Android 不同版本的主题。

（1）API 1。

android:Theme 表示根主题。

android:Theme.Black 表示背景为黑色。

android:Theme.Light 表示背景为白色。

android:Theme.Wallpaper 表示以桌面墙纸为背景。

android:Theme.Translucent 表示透明背景。

android:Theme.Panel 表示平板风格。

android:Theme.Dialog 表示对话框风格。

（2）API 11。

android:Theme.Holo 表示 Holo 根主题。

android:Theme.Holo.Black 表示 Holo 黑色主题。

android:Theme.Holo.Light 表示 Holo 白色主题。

（3）API 14。

Theme.DeviceDefault 表示设备默认根主题。

Theme.DeviceDefault.Black 表示设备默认主题为黑色主题。

Theme.DeviceDefault.Light 表示设备默认主题为白色主题。

（4）API 21：常说的 Android Material Design 就要用这种主题。

Theme.Material 表示 Material 根主题。

Theme.Material.Light 表示 Material 白主题。

（5）兼容包 v7 中的主题。

Theme.AppCompat 表示兼容主题的根主题。

Theme.AppCompat.Black 表示兼容主题的黑色主题。

Theme.AppCompat.Light 表示兼容主题的白色主题。

1.4.2 使用主题的注意事项

所有能应用于应用程序主题的名称都是以“Theme.”开头的，主题名称不是以“Theme.”开头的就不是用于应用程序的主题，而是用于某些局部控件的主题，如“ThemeOverlay”主题可用于 Toolbar，又如“TextAppearance”主题可用于设置文字外观，这里不做深入分析了。

很多主题在使用时会报错，其原因有很多，如窗体必须继承 AppCompatActivity、ActionBarActivity 或者 FragmentActivity，需要手动指定宽高，需要提升最低 API 版本，需要使用更高版本的 SDK，或者兼容包版本不对等。所以，在使用主题时要特别小心。

1.5 Android 应用程序的主题样式结构分析

介绍完样式与主题的相关知识，现在回到 Android 程序，看看 Android 程序的样式主题相关内容。

当你在 Android Studio 中新建一个 Android 工程时，Android 已经为你制定了默认的主题。AndroidManifest.xml 文件的内容如下所示：

```
<?xml version="1.0" encoding="utf-8"?>
<manifest xmlns:android="http://schemas.android.com/apk/res/android"
    package="com.ttt.ex01styletheme01">

    <Application
        android:allowBackup="true"
        android:icon="@mipmap/ic_launcher"
        android:label="@string/App_name"
        android:supportsRtl="true"
        android:theme="@style/AppTheme">                        //指定该应用程序的主题
        <activity
            android:name=".MainActivity"
            android:label="@string/App_name"
            android:theme="@style/AppTheme.NoActionBar">    //指定该应用程序的主题
            <intent-filter>
                <action android:name="android.intent.action.MAIN" />

                <category android:name="android.intent.category.LAUNCHER" />
            </intent-filter>
        </activity>
    </Application>

</manifest>
```

其中，如下所示语句：

```
        android:theme="@style/AppTheme" >                      //指定该应用的主题
```

指定了该应用程序的主题为 AppTheme。在 res/values 目录下的 styles.xml 文件中，可以找到对主题样式 AppTheme 的定义。res/values/styles.xml 文件下的内容如下所示：

```
<resources>

    <!-- Base Application theme. -->
    <style name="AppTheme" parent="Theme.AppCompat.Light.NoActionBar">
        <!-- Customize your theme here. -->
        <item name="colorPrimary">@color/colorPrimary</item>
        <item name="colorPrimaryDark">@color/colorPrimaryDark</item>
        <item name="colorAccent">@color/colorAccent</item>
    </style>

    <style name="AppTheme.NoActionBar">
```

```
        <item name="windowActionBar">false</item>
        <item name="windowNoTitle">true</item>
    </style>

    <style name="AppTheme.AppBarOverlay"
                            parent="ThemeOverlay.AppCompat.Dark.ActionBar" />

    <style name="AppTheme.PopupOverlay" parent="ThemeOverlay.AppCompat.Light" />

</resources>
```

1.6 本章同步练习

Android 平台预定义了很多主题样式，请将 1.4.1 节中 Android 已定义的典型的样式应用到你的一个例子程序中，并观察每个主题样式的外观。

第 2 章

再谈 Fragment

在应用的开发实践中，我们经常会提及应用的分层结构，即将一个应用程序的功能实现划分成几个相互独立又相互联系的部分，通过这几部分的协同作用来完成整个应用程序的功能，Android 的 Fragment 正是为此设计的。

Android 应用程序通过将 Activity 拆分成多个完全独立的、可重用的 Fragment 组件，使得每个组件有自己的 UI 界面和自己的生命周期，从而通过这些相互独立的 Fragment 的协同作用来完成整个应用程序的功能。

Android 的 Fragment 不能独立存在，它必须寄生于某个 Activity 中。Android 的 Fragment 因其寄生的 Activity 的出现而出现，因其寄生的 Activity 的消亡而消亡。

上面这些文字有些抽象，我们先从一个简单的 Fragment 的例子出发，在对 Fragment 的创建和使用有了初步了解后再细说 Fragment。

2.1 Fragment 入门

我们通过 Fragment 实现一个简单的登录界面的例子来介绍 Fragment 的基本用法。程序运行界面如图 2-1 所示。

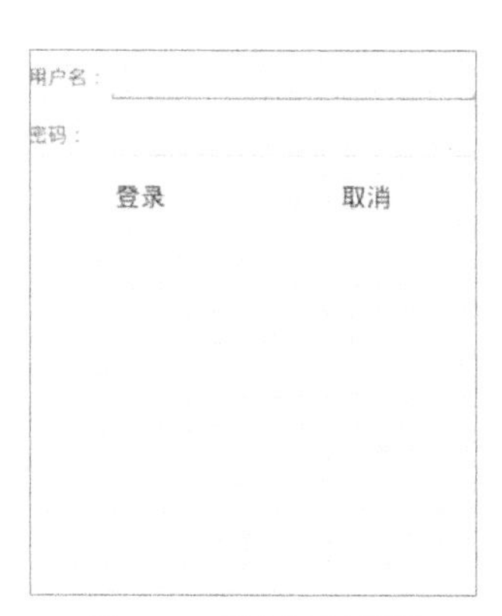

图 2-1　程序运行界面

首先新建一个 Android 工程并将其命名为 www.ttt.ex02fragment01，再新建一个登录界面的布局文件并将其命名为 layout_login.xml，将其中的内容修改为如下代码：

```
<?xml version="1.0" encoding="utf-8"?>
<LinearLayout xmlns:android="http://schemas.android.com/apk/res/android"
    android:layout_width="match_parent"
    android:layout_height="match_parent"
```

```
    android:orientation="vertical">

    <TableLayout
        android:layout_width="match_parent"
        android:layout_height="wrap_content"
        android:stretchColumns="1" >

        <TableRow >
            <TextView
            android:layout_width="wrap_content"
            android:layout_height="wrap_content"
            android:text="@string/text_username" />

            <EditText
                android:layout_width="wrap_content"
                android:layout_height="wrap_content"
                android:hint="" />
        </TableRow>

        <TableRow >
            <TextView
                android:layout_width="wrap_content"
                android:layout_height="wrap_content"
                android:text="@string/text_password" />

            <EditText
                android:layout_width="wrap_content"
                android:layout_height="wrap_content"
                android:inputType="textPassword"
                android:hint="" />
        </TableRow>

    </TableLayout>

        <LinearLayout
            android:layout_width="match_parent"
            android:layout_height="wrap_content"
            style="?android:attr/buttonBarStyle"
            android:orientation="horizontal">

            <Button
                android:layout_width="0dp"
                android:layout_weight="1"
                android:layout_height="wrap_content"
                style="?android:attr/buttonBarButtonStyle"
                android:text="@string/text_login" />

            <Button
                android:layout_width="0dp"
                android:layout_weight="1"
                android:layout_height="wrap_content"
                style="?android:attr/buttonBarButtonStyle"
                android:text="@string/text_cancel" />
```

```
        </LinearLayout>

</LinearLayout>
```

在这个布局中，我们使用 LinearLayout 嵌套 TableLayout 的方式和 LinearLayout 的方式实现了组件的放置。注意，在第二个 LinearLayout 中，我们使用如下语句：

```
        style="?android:attr/buttonBarStyle"
```

来指定 LinearLayout 的样式，该语句表示用应用程序当前主题的指定值来设置 LinearLayout 的样式。类似地，在 Button 组件中，使用如下语句：

```
        style="?android:attr/buttonBarButtonStyle"
```

来指定按钮的样式也是表示用当前主题的指定值作为按钮的样式。

接着修改 res/values/strings.xml 文件，在其中定义布局文件中需要的字符串，修改后的 strings.xml 文件内容如下：

```
<?xml version="1.0" encoding="utf-8"?>
<resources>

    <string name="App_name">Ex02Fragment01</string>

    <string name="text_username">用户名：</string>
    <string name="text_password">密码：</string>
    <string name="text_login">登录</string>
    <string name="text_cancel">取消</string>

</resources>
```

现在在 src 目录下，新建一个名为 www.ttt.ex02fragment01.fragment 的包，并在这个包下新建一个名为 MyFragment 的 Java 类文件。将 MyFragment.java 文件的内容修改为如下代码：

```
package com.ttt.ex02fragment01.fragment;

import com.ttt.ex02fragment01.R;

import android.App.Fragment;
import android.os.Bundle;
import android.view.LayoutInflater;
import android.view.View;
import android.view.ViewGroup;

public class MyFragment extends Fragment {

    @Override
    public View onCreateView(LayoutInflater inflater, ViewGroup container,
                             Bundle savedInstanceState) {
        return inflater.inflate(R.layout.layout_login, container, false);
    }

}
```

MyFragment 非常简单，只实现了一个 onCreateView 方法，在这个方法中，只是简单地展开了 res/layout/layout_login.xml 布局，并返回展开的布局对象。

到此，我们已经完成了本书第一个 Fragment 代码——MyFragment 的编写，现在需要将 MyFragment 挂接到 Activity 中。为此，需要修改 res/layout/activity_main.xml 文件，以将 MyFragment 放置到该布局文件中，修改后的 activity_main.xml 文件内容如下：

```
<LinearLayout xmlns:android="http://schemas.android.com/apk/res/android"
    xmlns:tools="http://schemas.android.com/tools"
    android:layout_width="match_parent"
    android:layout_height="match_parent"
    android:orientation="vertical">

    <fragment android:name="com.ttt.ex02fragment01.fragment.MyFragment"
        android:id="@+id/id_fragment"
        android:layout_width="wrap_content"
        android:layout_height="wrap_content" />

</LinearLayout>
```

在 activity_main.xml 布局文件中，我们将新定义的 MyFragment 放置到主界面的 LinearLayout 中，注意，放置 Fragment 的方式为：使用标签<fragment>，并通过指定 android:name 来指定一个 Fragment 实现类，其他属性的设置与 Android 其他组件完全一致。

我们不需要对主界面的 Activity 类，即 MainActivity 做任何修改即可运行该程序，其运行结果就是图 2-1 所示的界面。

现在的问题是：为什么是这样的呢？我们在这里只能做一个简单说明。当 Android 要显示 MainActivity 的界面时，它发现 MainActivity 的布局中包含一个 Fragment，因此，当它执行 MainActivity 的 onCreate 方法时，还会执行布局中嵌套的 Fragment 的一系列生命周期方法，其中包括 MyFragment 的 onCreateView 生命周期方法，而在 MyFragment 的 onCreateView 方法中，我们展开了布局界面，并将展开的布局返回给嵌套了这个 Fragment 的 Activity，进而，MainActivity 将显示这个 Fragment 的界面。

如果要清晰地了解这个过程，就需要对 Fragment 的生命周期有一个清晰的理解。下面介绍 Fragment 的生命周期。

2.2 Fragment 生命周期

正如上文所讲的，Fragment 不能独立存在，它必须寄生于某个 Activity（我们把这个 Activity 称为 Fragment 的父 Activity）：Fragment 随父 Activity 的存在而存在，随父 Activity 的消亡而消亡。因此，Fragment 的生命周期与其父 Activity 的生命周期密切相关。Fragment 生命周期方法和其父 Activity 生命周期方法的调用关系如图 2-2 所示。

图 2-2 说明，当显示一个嵌入 Fragment 的 Activity 时，Android 会执行该 Activity 的生命周期方法。执行 Activity 的 onCreate 方法时，由于在 Activity 中嵌入了 Fragment，Android 会自动执行嵌入的 Fragment 的 onAttach 方法、onCreate 方法、onCreateView 方法和 onActivityCreate 方法。类似地，当 Android 执行 Activity 的 onStart 方法时，也会自动执行嵌入的 Fragment 的 onStart 方法。以此类推，当 Android 执行 Activity 的 onDestroy 方法时，会自动执行嵌入的 Fragment 的 onDestroyView 方法、onDestroy 方法和 onDetach 方法。

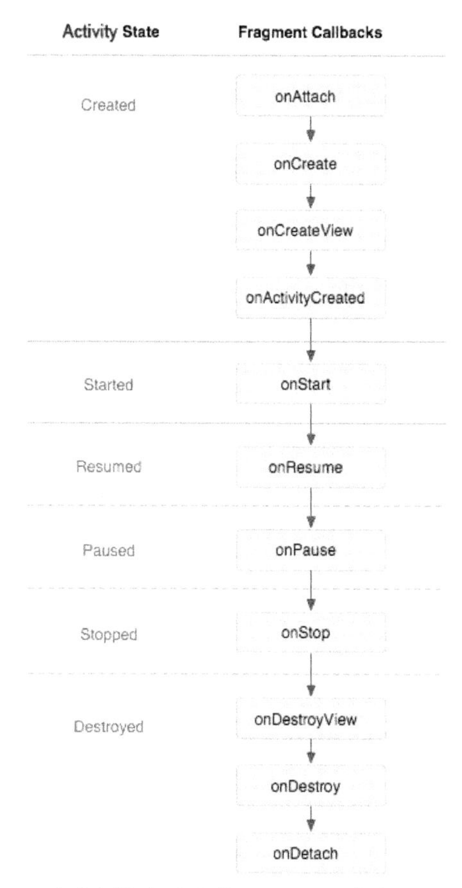

图 2-2　Fragment 生命周期方法和其父 Activity 生命周期方法的调用关系

下面，我们通过例子来看看 Fragment 生命周期方法和其父 Activity 生命周期方法的调用关系。

我们不需要新建工程，直接在 2.1 节建立的 www.ttt.ex02fragment01 工程上做适当修改即可。首先修改 MyFragment.java 代码，修改后的 MyFragment.java 文件内容如下：

```
package com.ttt.ex02fragment01.fragment;

import com.ttt.ex02fragment01.R;

import android.App.Activity;
import android.App.Fragment;
import android.os.Bundle;
import android.util.Log;
import android.view.LayoutInflater;
import android.view.View;
import android.view.ViewGroup;

public class MyFragment extends Fragment {

    @Override
    public void onAttach(Activity activity) {
        super.onAttach(activity);
        Log.i("Fragment:", "onAttach called");
    }
```

```
@Override
public void onCreate(Bundle savedInstanceState) {
    super.onCreate(savedInstanceState);
    Log.i("Fragment:", "onCreate called");
}

@Override
public View onCreateView(LayoutInflater inflater, ViewGroup container,
                    Bundle savedInstanceState) {
    Log.i("Fragment:", "onCreateView called");

    return inflater.inflate(R.layout.layout_login, container, false);
}

@Override
public void onStart() {
    super.onStart();
    Log.i("Fragment:", "onStart called");
}

@Override
public void onResume() {
    super.onResume();
    Log.i("Fragment:", "onResume called");
}

@Override
public void onPause() {
    super.onPause();
    Log.i("Fragment:", "onPause called");
}

@Override
public void onStop() {
    super.onStop();
    Log.i("Fragment:", "onStop called");
}

@Override
public void onDestroyView() {
    super.onDestroyView();
    Log.i("Fragment:", "onDestroyView called");
}

@Override
public void onDestroy() {
    super.onDestroy();
    Log.i("Fragment:", "onDestroy called");
}

@Override
public void onDetach() {
```

```
        super.onDetach();
        Log.i("Fragment:", "onDetach called");
    }

}
```

修改后的 MyFragment 类，仅仅是在每个生命周期回调函数中加上了输出语句而已。

现在修改 MainActivity.java 文件，修改后的 MainActivity.java 文件内容如下：

```
package com.ttt.ex02fragment01;

import android.App.Activity;
import android.os.Bundle;
import android.util.Log;

public class MainActivity extends Activity {
    private static String TAG = "Activity";

    @Override
    protected void onCreate(Bundle savedInstanceState) {
        super.onCreate(savedInstanceState);
        setContentView(R.layout.activity_main);
        Log.i(TAG, "onCreate called");
    }

    @Override
    protected void onStart() {
        super.onStart();
        Log.i(TAG, "onStart called");
    }

    @Override
    protected void onResume() {
        super.onResume();
        Log.i(TAG, "onResume called");
    }

    @Override
    protected void onPause() {
        super.onPause();
        Log.i(TAG, "onPause called");
    }

    @Override
    protected void onStop() {
        super.onStop();
        Log.i(TAG, "onStop called");
    }

    @Override
    protected void onRestart() {
        super.onStart();
        Log.i(TAG, "onRestart called");
    }
```

```
    @Override
    protected void onDestroy() {
        super.onDestroy();
        Log.i(TAG, "onDestroy called");
    }
```

修改后的 MainActivity.java 文件仅仅是在每个生命周期回调函数中加上了输出语句而已。现在运行修改后的 ex02fragment01 程序，LogCat 的输出信息如图 2-3 所示。

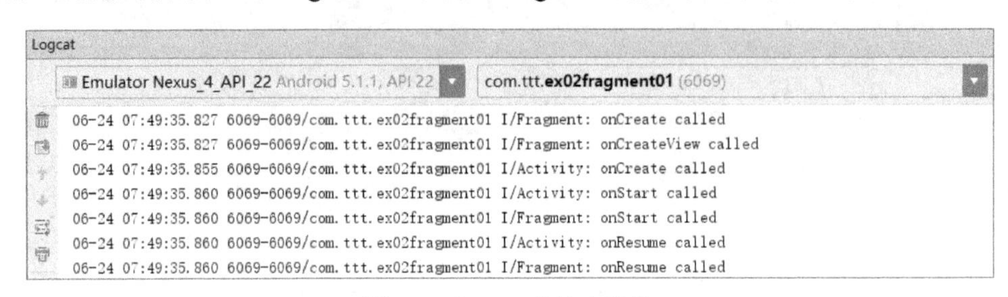

图 2-3　LogCat 的输出信息

从图 2-3 可以清晰地看到 Fragment 与其父 Activity 生命周期方法的调用顺序。现在，关闭 Activity。关闭 Activity 后 LogCat 的输出信息如图 2-4 所示。

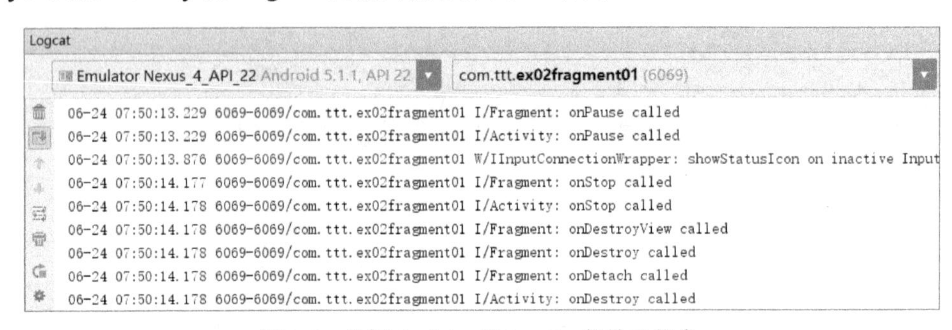

图 2-4　关闭 Activity 后 LogCat 的输出信息

由图 2-3 和图 2-4 可知，LogCat 的输出信息与图 2-2 描述的 Fragment 与其父 Activity 生命周期方法的调用关系是一致的。

2.3　本章同步练习一

编写一个简单的 Fragment，在其中显示一张图片，然后将这个 Fragment 嵌入一个 Activity 中。要求打印该 Activity 及 Fragment 的生命周期方法的调用信息，以加深对 Fragment 生命周期方法的理解。

2.4　动态管理 Fragment

Fragment 作为一个业务组件，它可以动态添加或从 Activity 中动态移除。对 Fragment 的动态管理是通过 FragmentManager 来完成的。一个有趣的事实是，在动态管理 Fragment 时，需要先从 FragmentManager 中获取一个 FragmentTransaction 事务，然后在这个事务中完成对 Fragment

的动态管理。

下面我们通过一个例子来说明如何使用 FragmentManager 及 FragmentTransaction 对 Fragment 进行动态管理。这个例子是显示一个列表，点击任何一个列表项，程序将根据人们拿手机的模式（横着拿手机——肖像模式，还是竖着拿手机——风景模式）选择在 Fragment 中显示所选图片，还是在一个新的 Activity 中显示所选图片。手机处于肖像模式的首界面如图 2-5 所示。

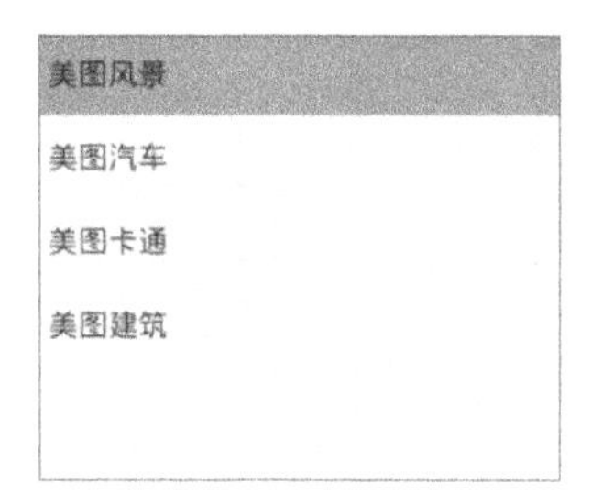

图 2-5 手机处于肖像模式的首界面

在手机处于肖像模式时，点击一个列表项，将在一个新的 Activity 中显示对应图片（见图 2-6）。

图 2-6 肖像模式下在新的 Activity 中显示图片

关闭程序后按"Ctrl+F12"组合键，即手机处于风景模式后再运行程序，风景模式下的程序运行效果如图 2-7 所示。

图 2-7 风景模式下的程序运行效果

当手机处于风景模式时，点击一个列表项，将在同一个 Activity 中采用 Fragment 显示选择的图片。

现在创建该程序。首先新建一个名为 ex02fragment02 的 Android 程序，将风景、汽车、卡通和建筑图片命名为 jpg001.jpg、jpg002.jpg、jpg003.jpg 和 jpg004.jpg 并将其放置到

res/drawable-hdpi 工程目录下。

修改 res/layout/activity_main.xml 文件，也就是手机在肖像模式下的布局文件，修改后的文件内容如下：

```
<LinearLayout xmlns:android="http://schemas.android.com/apk/res/android"
   android:layout_width="match_parent"
   android:layout_height="match_parent"
   android:orientation="horizontal"
   android:baselineAligned="false" >

   <ListView
      android:id="@+id/id_titles"
      android:layout_weight="1"
      android:layout_width="0px"
      android:layout_height="match_parent"
      android:choiceMode="singleChoice"/>

</LinearLayout>
```

手机在肖像模式下，主界面只显示一个列表框。为了使程序在手机处于风景模式时显示不同的界面，需要在 res 工程目录下新建一个 layout-land 的子目录，并在这个目录下新建一个名为 content_main.xml 的布局文件，该文件内容如下：

```
<LinearLayout xmlns:android="http://schemas.android.com/apk/res/android"
   android:layout_width="match_parent"
   android:layout_height="match_parent"
   android:orientation="horizontal"
   android:baselineAligned="false" >

   <ListView
      android:id="@+id/id_titles"
      android:layout_weight="1"
      android:layout_width="0px"
      android:layout_height="match_parent"
      android:choiceMode="singleChoice"/>

   <FrameLayout
      android:id="@+id/id_details"
      android:layout_weight="2"
      android:layout_width="0px"
      android:layout_height="match_parent"
      android:background="?android:attr/detailsElementBackground" />

</LinearLayout>
```

手机在风景模式下，我们在同一个界面中既显示列表也显示对应图片。由于图片是动态显示的，所以应预先布局一个 FrameLayout 以便管理。

现在在 src 目录下，新建一个名为 com.ttt.ex02fragment02.fragment 的包，并在该包下新建一个名为 DetailFragment 的 Java 类文件，将 DetailFragment.java 文件修改为以下内容：

```
package com.ttt.ex02fragment02.fragment;
0
import android.App.Fragment;
import android.os.Bundle;
```

```
import android.view.LayoutInflater;
import android.view.View;
import android.view.ViewGroup;
import android.widget.ImageView;
import android.widget.ImageView.ScaleType;

public class DetailFragment extends Fragment {
    public static DetailFragment newInstance(int resId) {
        DetailFragment f = new DetailFragment();

        Bundle args = new Bundle();
        args.putInt("resId", resId);
        f.setArguments(args);

        return f;
    }

    @Override
    public View onCreateView(LayoutInflater inflater,
            ViewGroup container, Bundle savedInstanceState) {
        ImageView iv = new ImageView(this.getActivity());

        iv.setScaleType(ScaleType.FIT_CENTER);
        int resId = getArguments().getInt("resId", 0);
        iv.setImageResource(resId);

        return iv;
    }
}
```

我们在上述代码中定义了一个静态的公共方法，即 newInstance，以便在创建这个 Fragment 对象时传递要显示的图片资源的 ID 参数，并将传递进来的参数保存在该 Fragment 对象的参数池中。在该 Fragment 的 onCreateView 回调函数中，创建了一个用于显示图片的 ImageView 对象以设置要显示的图片，并将该 ImageView 返回给其父 Activity。

为了使手机处于肖像模式时采用 Activity 显示选中的图片，在 com.ttt.ex02fragment02 包下新建一个名为 DetailActivity 的 Activity，将 DetailActivity.java 文件修改为如下内容：

```
package com.ttt.ex02fragment02;

import com.ttt.ex02fragment02.fragment.DetailFragment;

import android.App.Activity;
import android.App.FragmentManager;
import android.content.Intent;
import android.os.Bundle;

public class DetailActivity extends Activity {

    @Override
    protected void onCreate(Bundle savedInstanceState) {
        super.onCreate(savedInstanceState);

        Intent intent = this.getIntent();
```

```
        int resId = intent.getIntExtra("resId", R.drawable.jpg001);

        DetailFragment detail = DetailFragment.newInstance(resId);
        FragmentManager fm = this.getFragmentManager();
        FragmentTransaction transaction = fm.beginTransaction();
        transaction.setTransition(FragmentTransaction.TRANSIT_FRAGMENT_OPEN |
                                FragmentTransaction.TRANSIT_FRAGMENT_CLOSE);
        transaction.add(android.R.id.content, detail);
        transaction.commit();
    }
}
```

在这个 Activity 的 onCreate 回调函数中，我们先获取要显示的图片资源的 ID 参数（这是在启动该 Activity 的 Intent 中设置的），然后创建一个 DetailFragment 对象来显示该图片，并通过 FragmentManager 的 FragmentTransaction 对象将这个 Fragment 添加到 Activity 的根容器中。注意，android.R.id.content 是 Activity 的根容器的 ID，FragmentTransaction 对象中 setTransition 可用于设置显示 Fragment 时的动画效果。

最后，修改 MainActivity.java 文件，以实现主界面显示、对列表项的点击监听，并根据手机所处模式选择不同的方式显示相应图片。修改后的 MainActivity.java 文件内容如下：

```
package com.ttt.ex02fragment02;

import com.ttt.ex02fragment02.fragment.DetailFragment;

import android.App.Activity;
import android.App.Fragment;
import android.App.FragmentManager;
import android.App.FragmentTransaction;
import android.content.Intent;
import android.os.Bundle;
import android.view.View;
import android.widget.AdapterView;
import android.widget.AdapterView.OnItemClickListener;
import android.widget.ArrayAdapter;
import android.widget.FrameLayout;
import android.widget.ListView;

public class MainActivity extends Activity implements OnItemClickListener{
    private ListView list;
    FrameLayout frame;

    private String[] titles ={"美图风景","美图汽车", "美图卡通", "美图建筑"};

    @Override
    protected void onCreate(Bundle savedInstanceState) {
        super.onCreate(savedInstanceState);
        setContentView(R.layout.activity_main);

        list = (ListView)this.findViewById(R.id.id_titles);
        ArrayAdapter<String> ad = new ArrayAdapter<String>(this,
                android.R.layout.simple_list_item_activated_1, titles);
        list.setAdapter(ad);
```

```
    list.setOnItemClickListener(this);

    frame = (FrameLayout)this.findViewById(R.id.id_details);
    if (frame != null) {
        list.setItemChecked(0, true);
        showInFrame(R.drawable.jpg001);
    }
}

@Override
public void onItemClick(AdapterView<?> parent, View view, int position, long id) {
    list.setItemChecked(position, true);

    int resId = R.drawable.jpg001;
    switch(position) {
        case 0:
                resId = R.drawable.jpg001;
                break;
        case 1:
                resId = R.drawable.jpg002;
                break;
        case 2:
                resId = R.drawable.jpg003;
                break;
        case 3:
                resId = R.drawable.jpg004;
                break;
    }

    if (frame == null) {  //手机处于肖像模式
        startNewActivity(resId);
    }
    else {                //手机处于风景模式
        showInFrame(resId);
    }
}

private void startNewActivity(int resId) {
    Intent intent = new Intent(this, DetailActivity.class);
    intent.putExtra("resId", resId);
    this.startActivity(intent);
}

private void showInFrame(int resId) {
    DetailFragment detail = DetailFragment.newInstance(resId);

    FragmentManager fm = this.getFragmentManager();
    FragmentTransaction transaction = fm.beginTransaction();
    transaction.setTransition(FragmentTransaction.TRANSIT_FRAGMENT_OPEN |
                              FragmentTransaction.TRANSIT_FRAGMENT_CLOSE);
    Fragment fragment = fm.findFragmentById(R.id.id_details);
    if (fragment != null)
        transaction.remove(fragment);
```

```
        transaction.add(R.id.id_details, detail).commit();
    }
}
```

我们如何判断手机当前是处于肖像模式还是风景模式呢？当手机处于肖像模式时，布局中是不存在 FrameLayout 组件的，我们可以利用这点来判断当前手机的模式，进而采用不同的方式显示相应图片。

当然，还需要在 AndroidManifest.xml 文件中添加对 DetailActivity 的注册，修改后的 AndroidManifest.xml 文件内容如下：

```
<?xml version="1.0" encoding="utf-8"?>
<manifest xmlns:android="http://schemas.android.com/apk/res/android"
    package="com.ttt.ex02fragment02"
    android:versionCode="1"
    android:versionName="1.0" >

    <uses-sdk
        android:minSdkVersion="14"
        android:targetSdkVersion="21" />

    <Application
        android:allowBackup="true"
        android:icon="@drawable/ic_launcher"
        android:label="@string/App_name"
        android:theme="@style/AppTheme" >

        <activity
            android:name=".MainActivity"
            android:label="@string/App_name" >
            <intent-filter>
                <action android:name="android.intent.action.MAIN" />
                <category android:name="android.intent.category.LAUNCHER" />
            </intent-filter>
        </activity>

        <activity android:name=".DetailActivity"></activity>

    </Application>

</manifest>
```

运行修改完成的程序，即可得到预期运行效果。

2.5 本章同步练习二

在你的计算机上运行 2.4 节的程序，并修改该程序，使其实现在显示图片时在图片下面显示一段对图片的描述文字。

第3章

Dialog 对话框

Dialog 是一种常见的 UI 组件，它经常被用来向用户提示一些关键消息，并且还可以引导用户做出进一步决定。一般来说 Dialog 对话框会占据屏幕一部分显示空间，直到用户做出决定，程序才会继续往下运行。

Dialog 对话框是 UI 的基础类，Android 建议实现 Dialog 的最佳方式是 DialogFragment——一个专门用来处理对话框的特殊 Fragment。本章我们将介绍如何使用 DialogFragment 实现 Android 的对话框功能。

3.1 Dialog 入门

我们通过一个简单的例子来看看如何通过 DialogFragment 来实现对话框功能。先显示一个输入用户名和自我介绍的文本框，用户可通过点击“发送”按钮和“清除”按钮来发送信息和清除文本框内的信息。运行效果如图 3-1 所示。

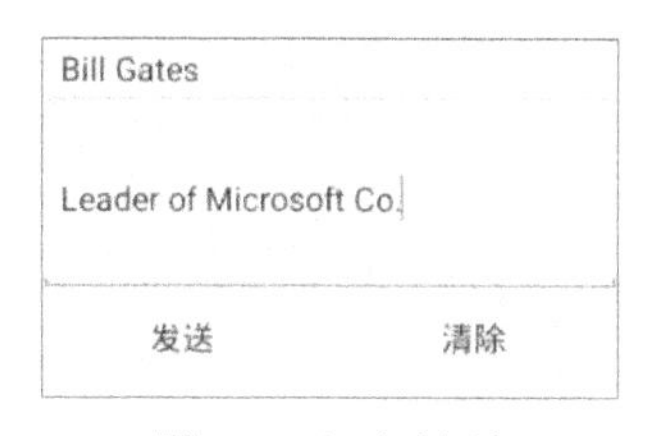

图 3-1 运行效果

用户在文本框中输入内容后，点击“发送”按钮将发送信息（目前没有实现发送功能）。用户点击“清除”按钮后，将显示一个对话框来提示用户将清除文本框中的内容，如图 3-2 所示。

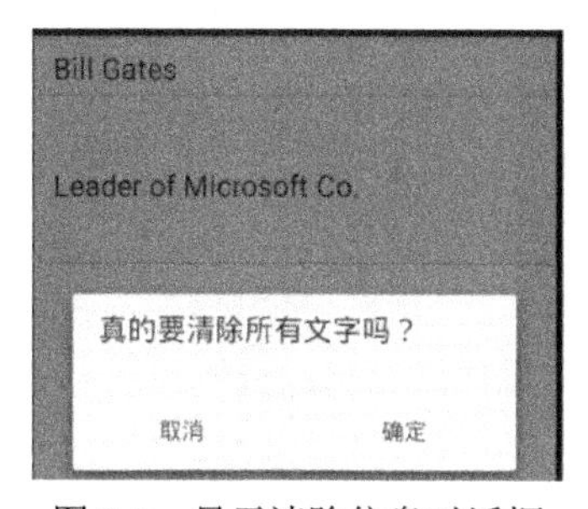

图 3-2 显示清除信息对话框

用户点击对话框上的“取消”按钮，则直接关闭对话框；点击“确定”按钮则清除文本框中已经输入的内容。

现在构建该例子的程序。新建一个名为 Ex03Dialog01 的 Android 工程。修改 res/layout/activity_main.xml 文件，按照图 3-1 所示界面布局，activity_main.xml 文件的内容如下：

```
<LinearLayout xmlns:android="http://schemas.android.com/apk/res/android"
    xmlns:tools="http://schemas.android.com/tools"
    android:layout_width="match_parent"
    android:layout_height="match_parent"
    android:orientation="vertical" >

    <EditText
        android:id="@+id/id_edit_text_name"
        android:layout_width="match_parent"
        android:layout_height="wrap_content"
        android:singleLine="true"
        android:hint="@string/text_hint_for_name" />

    <EditText
        android:id="@+id/id_edit_text_memo"
        android:layout_width="match_parent"
        android:layout_height="100dp"
        android:singleLine="false"
        android:hint="@string/text_hint_for_memo" />

    <LinearLayout
        android:layout_width="match_parent"
        android:layout_height="wrap_content"
        android:orientation="horizontal"
        style="?android:attr/buttonBarStyle" >

        <Button
            android:id="@+id/id_button_send"
            android:layout_width="0dp"
            android:layout_weight="1"
            android:layout_height="wrap_content"
            style="?android:attr/buttonBarButtonStyle"
            android:text="@string/text_button_send" />

        <Button
            android:id="@+id/id_button_clear"
            android:layout_width="0dp"
            android:layout_weight="1"
            android:layout_height="wrap_content"
            style="?android:attr/buttonBarButtonStyle"
            android:text="@string/text_button_clear" />

    </LinearLayout>

</LinearLayout>
```

修改 res/values/strings.xml 文件，在其中定义一些字符串。修改后的 strings.xml 文件的内容如下：

```
<?xml version="1.0" encoding="utf-8"?>
<resources>

    <string name="App_name">Ex03Dialog01</string>

    <string name="text_hint_for_name">在此输入姓名</string>
    <string name="text_hint_for_memo">在此输入自我简介</string>
    <string name="text_button_send">发送</string>
    <string name="text_button_clear">清除</string>

    <string name="text_clear_prompt">真的要清除所有文字吗？</string>
    <string name="text_ok">确定</string>
    <string name="text_cancel">取消</string>

</resources>
```

为了实现对话框功能，我们需要构建一个继承 DialogFragment 的 Java 类。为此，在 src 目录下，新建一个名为 com.ttt.ex03dialog01.dialog 的包，并在这个包下新建一个名为 ClearTextDialogFragment 的 Java 类文件，并将该文件修改为如下内容：

```
package com.ttt.ex03dialog01.dialog;

import com.ttt.ex03dialog01.R;

import android.App.Activity;
import android.App.AlertDialog;
import android.App.Dialog;
import android.App.DialogFragment;
import android.content.DialogInterface;
import android.os.Bundle;

public class ClearTextDialogFragment extends DialogFragment {
    private ClearTextDialogFragmentListener mListener;

    @Override
    public void onAttach(Activity activity) {
        super.onAttach(activity);

        try {
            mListener = (ClearTextDialogFragmentListener) activity;
        } catch (ClassCastException e) {
            throw new ClassCastException(activity.toString()
                    + " 必须实现 ClearTextDialogFragmentListener 接口");
        }
    }

    @Override
    public Dialog onCreateDialog(Bundle savedInstanceState) {
        AlertDialog.Builder builder = new AlertDialog.Builder(getActivity());
        builder.setMessage(R.string.text_clear_prompt)
                .setPositiveButton(R.string.text_ok, new DialogInterface.OnClickListener() {
                    public void onClick(DialogInterface dialog, int id) {
                        mListener.onDialogPositiveClicked(ClearTextDialogFragment.this);
```

```
                }
            })
            .setNegativeButton(R.string.text_cancel,
                                        new DialogInterface.OnClickListener( ) {
                public void onClick(DialogInterface dialog, int id) {
                    dialog.cancel();
                }
            });

        return builder.create();
    }

    public interface ClearTextDialogFragmentListener {
    public void onDialogPositiveClicked(DialogFragment dialog);
    }
}
```

DialogFragment 是 Fragment 的子类，因此，DialogFragment 可以动态地在一个 Activity 中显示出来。但是，DialogFragment 是一个为实现对话框功能而设计的特殊的 Fragment，因此，DialogFragment 类又增加了新的方法，其中 show 方法和 onCreateDialog 方法是较为重要的方法：show 方法用于显示构建的对话框，onCreateDialog 方法则用于构建对话框的界面。

我们先看看 ClearTextDialogFragment 类的 onAttach 回调函数。通过第 2 章的内容可知 onActivity 方法是在 Fragment 的父 Activity 创建自身对象时被调用的，父 Activity 将自身对象传递给 Fragment。在 ClearTextDialogFragment 的 onAttach 方法中，我们将 Activity 参数通过强制转换的方式转换为 ClearTextDialogFragmentListener 接口，注意 ClearTextDialogFragmentListener 接口是在 ClearTextDialogFragment 类中定义的一个内部公共接口，父 Activity 通过实现这个接口来完成用户点击对话框相应按钮时应该实现的操作，这是对话框甚至 Fragment 与其父 Activity 进行交互的典型方式，也是 Android 推荐的最佳编码实践。

在 ClearTextDialogFragment 类的 onCreateDialog 方法中，我们通过 AlertDialog 的 Builder 类的对象来构建需要的对话框的界面。AlertDialog.Builder 提供了一系列用于设置对话框标题、对话框内容和对话框按钮的方法。每个 AlertDialog 对话框最多可以包括三个按钮，其分别用 AlertDialog.Builder 的 setPositiveButton、setNegativeButton 和 setNeutralButton 来设置，并且在设置按钮时也可以设置按钮的点击处理函数。在本章例子的程序中，我们对“确定”按钮的点击处理就是通过调用父 Activity 的 onPositiveDialogClicked 方法来清除输入框的数据的，而对“取消”按钮的点击处理是通过直接关闭对话框来实现的。

最后，修改 MainActivity.java 文件，使其显示主界面，并监听用户对主界面按钮的点击，从而弹出清除提示对话框。MainActivity.java 文件修改后的内容如下：

```
package com.ttt.ex03dialog01;

import com.ttt.ex03dialog01.dialog.ClearTextDialogFragment;
import
com.ttt.ex03dialog01.dialog.ClearTextDialogFragment.ClearTextDialogFragmentListener;

import android.App.Activity;
import android.App.DialogFragment;
import android.os.Bundle;
```

```
import android.view.View;
import android.view.View.OnClickListener;
import android.widget.Button;
import android.widget.EditText;

public class MainActivity extends Activity implements OnClickListener,
                                          ClearTextDialogFragmentListener {
   EditText et_name, et_memo;
   Button btn_send, btn_clear;

   @Override
   protected void onCreate(Bundle savedInstanceState) {
      super.onCreate(savedInstanceState);
      setContentView(R.layout.activity_main);

      btn_send = (Button)this.findViewById(R.id.id_button_send);
      btn_send.setOnClickListener(this);
      btn_clear = (Button)this.findViewById(R.id.id_button_clear);
      btn_clear.setOnClickListener(this);

      et_name = (EditText)this.findViewById(R.id.id_edit_text_name);
      et_memo = (EditText)this.findViewById(R.id.id_edit_text_memo);
   }

   @Override
   public void onClick(View v) {
      int id = v.getId();
      if (id == R.id.id_button_clear) {
         ClearTextDialogFragment d = new ClearTextDialogFragment();
         d.show(this.getFragmentManager(), "clear_text_dialog_fragment01");
      }
   }

   @Override
   public void onDialogPositiveClicked(DialogFragment dialog) {
      et_name.setText("");
      et_memo.setText("");
   }
}
```

注意在 MainActivity 中，我们不仅通过 OnClickListener 接口实现了对主界面按钮的监听，还通过 ClearTextDialogFragmentListener 接口实现了用户点击对话框中的“确定”按钮后清除输入框中的数据。

运行该程序，将得到预期结果。

这个例子虽然简单，但是其体现了创建和使用 Dialog 的一般方法。我们将创建和使用 Dialog 的一般过程归纳如下：

（1）创建一个 DialogFragment 类的子类，并重写 onCreateDialog 方法，在该方法中使用 AlertDialog 的 Builder 类创建对话框的界面；

（2）为了使对话框与其父 Activity 进行交互，在实现的 DialogFragment 类的子类中定义一个接口，并在对话框相应按钮的处理代码中调用该接口方法进行适当处理；

（3）在需要显示对话框的 Activity 中创建对话框对象，调用对话框的 show 方法显示对话框；同时，在父 Activity 中实现对话框中定义的接口，并在接口中完成相应的业务功能。

3.2 本章同步练习一

编写一个对话框程序，在这个程序的首界面显示一个按钮，点击该按钮，显示一个对话框，在对话框中显示“Hello，Dialog”。

3.3 列表信息选择对话框

3.1 节的例子显示的对话框信息较简单，我们现在构建一个稍复杂的程序，该程序可以在对话框内显示单选列表和多选列表。列表选择对话框运行首界面如图 3-3 所示。

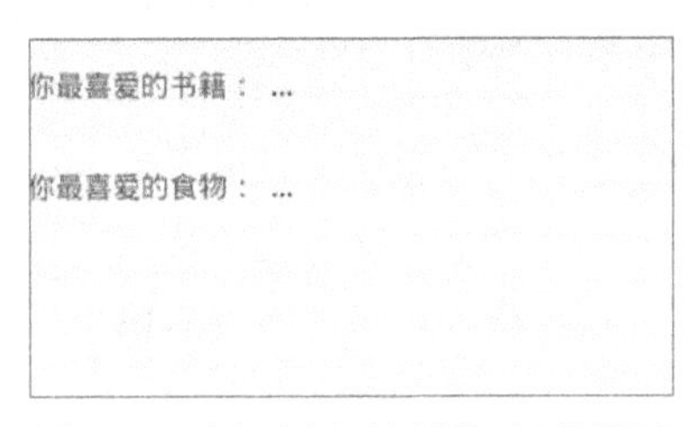

图 3-3 列表选择对话框运行首界面

点击“你最喜爱的书籍：”后面的“...”按钮后显示的多选列表对话框如图 3-4 所示。

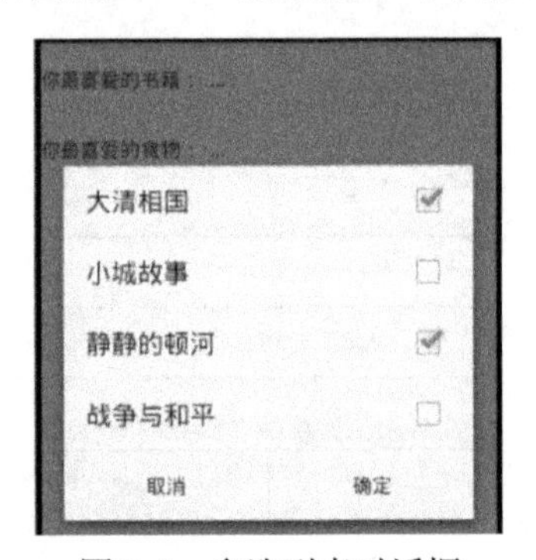

图 3-4 多选列表对话框

选中相应的复选框并点击“确定”按钮，即可显示图 3-5 所示多选结果。

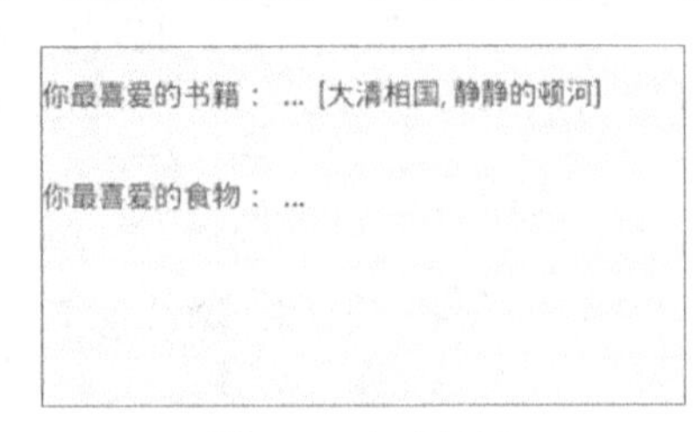

图 3-5 多选结果

点击“你最喜爱的食物：”后面的“...”按钮，即可显示图 3-6 所示单选列表对话框。

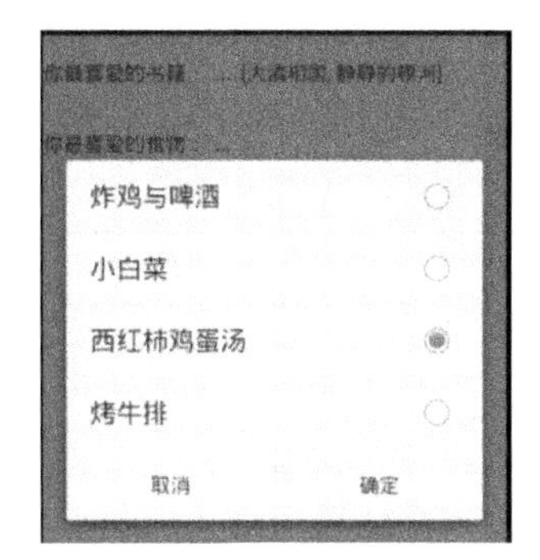

图 3-6 单选列表对话框

选择相应的单选按钮并点击“确定”按钮，即可显示图 3-7 所示单选结果。

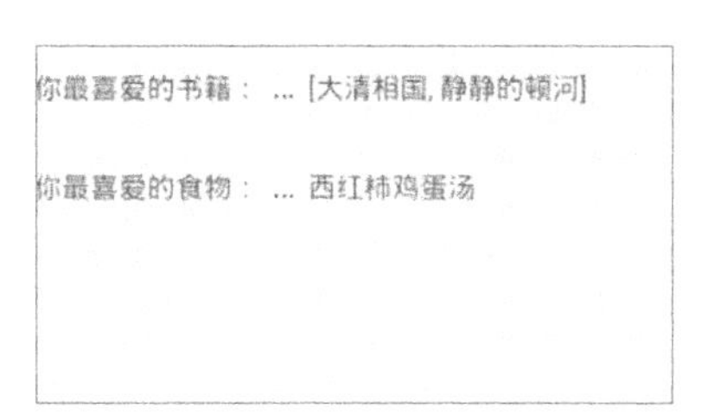

图 3-7 单选结果

现在我们构建该例子的程序。先新建一个名为 Ex03Dialog02 的 Android 工程，然后修改 res/layout/activity_main.xml 界面布局，修改后的 activity_main.xml 文件内容如下：

```
<LinearLayout xmlns:android="http://schemas.android.com/apk/res/android"
    xmlns:tools="http://schemas.android.com/tools"
    android:layout_width="match_parent"
    android:layout_height="match_parent"
    android:orientation="vertical">

    <LinearLayout
        android:layout_width="match_parent"
        android:layout_height="wrap_content"
        android:orientation="horizontal">

        <TextView
            android:layout_width="wrap_content"
            android:layout_height="wrap_content"
            android:text="@string/text_favourity_books"
            />

        <Button
            android:id="@+id/id_btn_books"
            android:layout_width="24dp"
            android:layout_height="wrap_content"
            android:text="@string/text_ellipsis"
            style="?android:attr/buttonBarButtonStyle"
        />

        <TextView
            android:id="@+id/id_tv_fav_books"
            android:layout_width="match_parent"
```

```
            android:layout_height="wrap_content"
            android:text="@string/text_empty"
            />

    </LinearLayout>

    <LinearLayout
        android:layout_width="match_parent"
        android:layout_height="wrap_content"
        android:orientation="horizontal">

        <TextView
            android:layout_width="wrap_content"
            android:layout_height="wrap_content"
            android:text="@string/text_favourity_food"
            />

        <Button
            android:id="@+id/id_btn_food"
            android:layout_width="24dp"
            android:layout_height="wrap_content"
            android:text="@string/text_ellipsis"
            style="?android:attr/buttonBarButtonStyle"
        />

        <TextView
            android:id="@+id/id_tv_fav_food"
            android:layout_width="match_parent"
            android:layout_height="wrap_content"
            android:text="@string/text_empty"
            />

    </LinearLayout>

</LinearLayout>
```

以上代码只是实现了该例子主界面的布局。修改 res/values/strings.xml 文件，在其中定义界面中需要的字符串和在列表框中显示的书籍和食物的字符串数组，修改后的内容如下：

```
<?xml version="1.0" encoding="utf-8"?>
<resources>

    <string name="App_name">Ex03Dialog02</string>

    <string name="text_favourity_books">你最喜爱的书籍：</string>
    <string name="text_ellipsis">&#8230;</string>
    <string name="text_empty"></string>
    <string name="text_favourity_food">你最喜爱的食物：</string>

    <string-array name="string_array_books">
        <item>大清相国</item>
        <item>小城故事</item>
        <item>静静的顿河</item>
        <item>战争与和平</item>
```

```
    </string-array>

    <string-array name="string_array_food">
        <item>炸鸡与啤酒</item>
        <item>小白菜</item>
        <item>西红柿鸡蛋汤</item>
        <item>烤牛排</item>
    </string-array>

</resources>
```

注意，<string-array name="字符串数组的名称">可用于定义字符串数组，定义的这个字符串数组在 XML 文件和 Java 程序中可以通过如下方式来应用：①在 Java 程序中的方式是 R.array.字符串数组名称；②在 XML 文件中的方式是@array/字符串数组名称。

为了显示书籍选择多选列表对话框，我们需要构建一个 DialogFragment 的子类。为了便于管理，我们在 src 目录下的 com.ttt.ex03dialog02 包下，新建一个名为 com.ttt.ex03dialog02.dialog 的子包，并在其下新建一个名为 BooksDialogFragment 的 Java 类，BooksDialogFragment.java 文件内容如下：

```
package com.ttt.ex03dialog02.dialog;

import java.util.ArrayList;

import com.ttt.ex03dialog02.R;

import android.App.Activity;
import android.App.AlertDialog;
import android.App.Dialog;
import android.App.DialogFragment;
import android.content.DialogInterface;
import android.os.Bundle;

public class BooksDialogFragment extends DialogFragment {
    private BooksDialogFragmentListener mListener;
    ArrayList<String> mSelectedItems = new ArrayList<String>();
    private String[] items = null;

    @Override
    public void onAttach(Activity activity) {
        super.onAttach(activity);

        try {
            mListener = (BooksDialogFragmentListener) activity;
        } catch (ClassCastException e) {
            throw new ClassCastException(activity.toString()
                    + " 必须实现 BooksDialogFragmentListener 接口");
        }

        items = activity.getResources().getStringArray(R.array.string_array_books);
    }

    @Override
```

```
    public Dialog onCreateDialog(Bundle savedInstanceState) {
        AlertDialog.Builder builder = new AlertDialog.Builder(getActivity());
        builder.setMultiChoiceItems(items, null,
                                  new DialogInterface.OnMultiChoiceClickListener() {
                    @Override
                    public void onClick(DialogInterface dialog, int which,
                            boolean isChecked) {
                        if (isChecked) {
                            mSelectedItems.add(items[which]);
                        } else if (mSelectedItems.contains(items[which])) {
                            mSelectedItems.remove(items[which]);
                        }
                    }
                })
                .setPositiveButton("确定", new DialogInterface.OnClickListener() {
                    @Override
                    public void onClick(DialogInterface dialog, int id) {

    mListener.onDialogPositiveClicked(BooksDialogFragment.this,
                                                  mSelectedItems);
                    }
                })
                .setNegativeButton("取消", new DialogInterface.OnClickListener() {
                    @Override
                    public void onClick(DialogInterface dialog, int id) {
                        dialog.cancel();
                    }
                });

        return builder.create();
    }

    public interface BooksDialogFragmentListener {
        public void onDialogPositiveClicked(DialogFragment dialog,
                                                  ArrayList<String> sItems);
    }
}
```

在 BooksDialogFragment 类的 onAttach 回调函数中，我们先将参数 activity 强制转换为 BooksDialogFragmentListener 接口对象，以便用户点击对话框上的“确定”按钮后调用接口方法在父 Activity 中显示所选信息。然后，我们从资源中获取书籍字符串数组，并将其保存到 items 数组中。在 BooksDialogFragment 类的 onCreateDialog 方法中，我们使用 Builder.setMultiChoiceItems 方法将数组显示在对话框中，并设置相应的监听函数将用户选择的内容保存到 mSelectedItems 数组中。

类似地，为了显示食物选择单选列表对话框，我们需要构建一个 DialogFragment 的子类。先在 com.ttt.ex03dialog02.dialog 包下新建一个名为 FoodDialogFragment 的 Java 类，将 FoodDialogFragment.java 文件修改为如下内容：

```
package com.ttt.ex03dialog02.dialog;

import android.App.Activity;
import android.App.AlertDialog;
```

```
import android.App.Dialog;
import android.App.DialogFragment;
import android.content.DialogInterface;
import android.os.Bundle;

import com.ttt.ex03dialog02.R;

public class FoodDialogFragment extends DialogFragment {
    private FoodDialogFragmentListener mListener;
    String mSelectedItem = "";
    private String[] items = null;

    @Override
    public void onAttach(Activity activity) {
        super.onAttach(activity);

        try {
            mListener = (FoodDialogFragmentListener) activity;
        } catch (ClassCastException e) {
            throw new ClassCastException(activity.toString()
                    + " 必须实现FoodDialogFragmentListener接口");
        }

        items = activity.getResources().getStringArray(R.array.string_array_food);
    }

    @Override
    public Dialog onCreateDialog(Bundle savedInstanceState) {
        AlertDialog.Builder builder = new AlertDialog.Builder(getActivity());
        builder.setSingleChoiceItems(items, 0, new DialogInterface.OnClickListener() {
                    @Override
                    public void onClick(DialogInterface dialog, int which) {
                        mSelectedItem = items[which];
                    }
                })
                .setPositiveButton("确定", new DialogInterface.OnClickListener() {
                    @Override
                    public void onClick(DialogInterface dialog, int id) {
                        mListener.onDialogPositiveClicked(FoodDialogFragment.this,
                                                                mSelectedItem);
                    }
                })
                .setNegativeButton("取消", new DialogInterface.OnClickListener() {
                    @Override
                    public void onClick(DialogInterface dialog, int id) {
                        dialog.cancel();
                    }
                });

        return builder.create();
    }

    public interface FoodDialogFragmentListener {
```

```
        public void onDialogPositiveClicked(DialogFragment dialog,String sItem);
    }
}
```

由于食物列表框是单选列表框，所以使用 Builder.setSingleChoiceItems 来设置食物单选列表，其他各项功能与 BooksDialogFragment 类似，不再赘述。

当然，最后还需要修改 MainActivity.java 程序，使之显示主界面、监听主界面按钮的点击情况，并实现 BooksDialogFragmentListener 和 FoodDialogFragmentListener 接口，从而实现在对话框操作结束后显示所选信息。MainActivity.java 修改后的代码如下：

```
package com.ttt.ex03dialog02;

import java.util.ArrayList;

import com.ttt.ex03dialog02.dialog.BooksDialogFragment;
import com.ttt.ex03dialog02.dialog.BooksDialogFragment.BooksDialogFragmentListener;
import com.ttt.ex03dialog02.dialog.FoodDialogFragment;
import com.ttt.ex03dialog02.dialog.FoodDialogFragment.FoodDialogFragmentListener;

import android.App.Activity;
import android.App.DialogFragment;
import android.os.Bundle;
import android.view.View;
import android.view.View.OnClickListener;
import android.widget.Button;
import android.widget.TextView;

public class MainActivity extends Activity implements OnClickListener,
                BooksDialogFragmentListener, FoodDialogFragmentListener {
    Button btn_books,btn_food;
    TextView tv_food,tv_books;


    @Override
    protected void onCreate(Bundle savedInstanceState) {
        super.onCreate(savedInstanceState);
        setContentView(R.layout.activity_main);

        btn_books = (Button)this.findViewById(R.id.id_btn_books);
        btn_books.setOnClickListener(this);
        btn_food = (Button)this.findViewById(R.id.id_btn_food);
        btn_food.setOnClickListener(this);

        tv_books = (TextView)this.findViewById(R.id.id_tv_fav_books);
        tv_food = (TextView)this.findViewById(R.id.id_tv_fav_food);
    }

    @Override
    public void onClick(View v) {
        int id = v.getId();
        switch(id) {
            case R.id.id_btn_books:
                BooksDialogFragment db = new BooksDialogFragment();
```

```
                db.show(this.getFragmentManager(), "BooksDialogFragment");
                break;
            case R.id.id_btn_food:
                FoodDialogFragment df = new FoodDialogFragment();
                df.show(this.getFragmentManager(), "FoodDialogFragment");
                break;
        }
    }

    @Override
    public void onDialogPositiveClicked(DialogFragment dialog,
            ArrayList<String> sItems) {
        tv_books.setText(sItems.toString());
    }

    @Override
    public void onDialogPositiveClicked(DialogFragment dialog, String sItem) {
        tv_food.setText(sItem);
    }
}
```

运行该程序，将实现本例要求。

3.4　本章同步练习二

编写一个对话框程序，在这个程序的首界面上显示一个文本框和一个按钮，点击该按钮即可显示一个颜色选择对话框，用户选择某一颜色并点击“确定”按钮后，首界面文本框内的字体颜色即可设置为选中的颜色。

第 4 章

Notification 通知

Notification 是 Android 提供的一种重要的信息通知方式，是一种出现在设备最上方的并且独立于应用程序的 UI，其作用是显示一些重要消息。在应用程序中使用 Notification 需要用到如下几个重要的类：Notification、Notification.Builder 和 NotificationManager。我们将通过一组例子来看看如何使用 Notification。

4.1 Notification 使用入门

先看一个简单的例子。在这个例子程序中，我们将构建一个 BroadcastReceiver 来接收对系统日期的修改，并通过 Notification 来提示用户系统日期的变更，当用户拉开该 Notification 并点击显示按钮时，将在一个 Activity 中告知用户系统日期被变更。程序运行效果如图 4-1 所示，其中，左上角的时钟图标就是在用户修改了系统日期后程序将显示的一个 Notification。

图 4-1 程序运行效果

拉开该 Notification，将显示 Notification 详细信息，如图 4-2 所示。

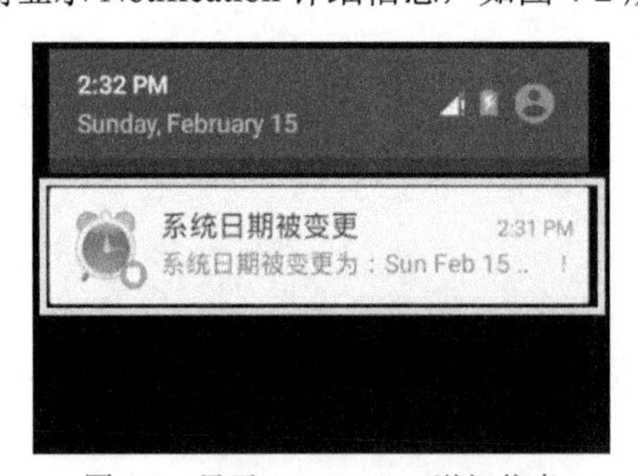

图 4-2 显示 Notification 详细信息

点击该 Notification 的任何地方，都将启动一个 Activity，并显示“日期被修改了”（见图 4-3）。

日期被修改了

图 4-3 在 Activity 中显示“日期被修改了”

现在构建该程序。新建一个名为 Ex04Notification01 的 Android 工程。为了接收系统日期变更的广播信息，我们需要实现一个 BroadcastReceiver。先在 src 目录下新建一个名为 com.ttt.ex04notification01.bcreceiver 的包，并在该包下新建一个名为 DateChangedReceiver 的 Java 类，DateChangedReceiver.java 文件内容如下：

```
package com.ttt.ex04notification01.bcreceiver;

import java.util.Date;

import com.ttt.ex04notification01.MainActivity;
import com.ttt.ex04notification01.R;

import android.App.NotificationManager;
import android.App.PendingIntent;
import android.content.BroadcastReceiver;
import android.content.Context;
import android.content.Intent;
import android.graphics.Bitmap;
import android.graphics.BitmapFactory;
import android.support.v4.App.NotificationCompat;

public class DateChangedReceiver extends BroadcastReceiver {

    @Override
    public void onReceive(Context context, Intent intent) {
        NotificationCompat.Builder mBuilder = new NotificationCompat.Builder(context);

        mBuilder.setContentTitle("系统日期被变更");
        Bitmap bmp=BitmapFactory.decodeResource(context.getResources(),
                                                        R.drawable.png0571);
        mBuilder.setLargeIcon(bmp);
        mBuilder.setContentText("系统日期被变更为: " + (new Date()).toString());
        mBuilder.setContentInfo("! ");
        mBuilder.setSmallIcon(R.drawable.png0571);
        mBuilder.setWhen(System.currentTimeMillis());

        Uri ringUri =
                RingtoneManager.getDefaultUri(
                                    RingtoneManager.TYPE_NOTIFICATION);
        mBuilder.setSound(ringUri);

        mBuilder.setAutoCancel(true);

        Intent resultIntent = new Intent(context, MainActivity.class);
        resultIntent.putExtra("changed", true);
        PendingIntent pi = PendingIntent.getActivity(context, 1000, resultIntent,
                                    PendingIntent.FLAG_UPDATE_CURRENT);
        mBuilder.setContentIntent(pi);

        NotificationManager mNotificationManager =
                    (NotificationManager)context.getSystemService(
                                        Context.NOTIFICATION_SERVICE);
```

```
        int mId = 1000;
        mNotificationManager.notify(mId, mBuilder.build());
    }

}
```

DateChangedReceiver 是一个 BroadcastReceiver，当系统日期变更时将被 Android 自动执行。

在 onReceive 方法中，先实例化一个 NotificationCompatible.Builder 对象，实例化 NotificationCompatible.Builder 对象的目的是方便构建 Notification 对象，当然，你也可以直接实例化 Notification 对象。通过得到的 mBuilder 对象来设置目的 Notification 的各个属性，包括 title、LargeIcon、text、info、SmallIcon、when（Notification 发生的时间）和 Notification 发生时的音效，并设置用户拉开并点击该 Notification 后，该 Notification 被关闭。

为了在用户拉开并点击 Notification 时系统执行预设的动作，应打开一个新的 Activity 来告知用户系统日期变更，创建一个 Intent 对象，指明打开 MainActivity。为什么要将这个 Intent 对象封装到 PendingIntent 对象中去呢？当 Notification 显示出来时，根本无法预知用户什么时候拉开并点击该 Notification。因此，无法预知与该 Notification 关联的动作什么时候会被执行。在此期间如果系统的日期又发生了改变，我们该如何管理这些 Intent 对象呢？这就是需要 PendingIntent 的原因，将 Intent 对象封装到 PendingIntent 对象中，可以对未来的 Intent 进行管理。例子中封装 Intent 对象的 PendingIntent 如下所示：

```
    PendingIntent pi = PendingIntent.getActivity(context, 1000, resultIntent,
                                        PendingIntent.FLAG_UPDATE_CURRENT);
```

其中，PendingIntent.FLAG_UPDATE_CURRENT 表示当有新的 Notification 到来时，将旧的 Intent 对象替换为新的 Intent 对象。同时，注意如下两句代码：

```
    int mId = 1000;
    mNotificationManager.notify(mId, mBuilder.build());
```

在上述代码中，我们赋予 Notification 一个唯一的 ID：1000，因此，当有多个 Notification 先后到达时，系统只会显示一个 Notification。

现在修改 res/layout/activity_main.xml 布局文件，修改后的文件内容如下：

```
<RelativeLayout xmlns:android="http://schemas.android.com/apk/res/android"
    xmlns:tools="http://schemas.android.com/tools"
    android:layout_width="match_parent"
    android:layout_height="match_parent">

    <TextView
        android:id="@+id/id_textview_01"
        android:layout_width="match_parent"
        android:layout_height="wrap_content"
    />

</RelativeLayout>
```

最后修改 MainActivity.java 文件，使之显示布局界面。注意，我们在该 Activity 中判断了 intent 对象的 changed 参数，根据这个参数来确定是直接启动还是通过 Notification 启动的，修改后的内容如下：

```
package com.ttt.ex04notification01;

import android.App.Activity;
```

```
import android.content.Intent;
import android.os.Bundle;
import android.widget.TextView;

public class MainActivity extends Activity {

    @Override
    protected void onCreate(Bundle savedInstanceState) {
        super.onCreate(savedInstanceState);
        setContentView(R.layout.activity_main);

        TextView tv = (TextView)this.findViewById(R.id.id_textview_01);
        Intent intent = this.getIntent();
        boolean changed = intent.getBooleanExtra("changed", false);
        if (changed)
            tv.setText("日期被修改了");
        else
            tv.setText("");
    }
}
```

当然，还需要在 AndroidManifest.xml 文件中注册 DateChangedReceiver，修改后的 AndroidManifest.xml 文件如下：

```
<?xml version="1.0" encoding="utf-8"?>
<manifest xmlns:android="http://schemas.android.com/apk/res/android"
    package="com.ttt.ex04notification01"
    android:versionCode="1"
    android:versionName="1.0" >

    <uses-sdk
        android:minSdkVersion="14"
        android:targetSdkVersion="21" />

    <Application
        android:allowBackup="true"
        android:icon="@drawable/ic_launcher"
        android:label="@string/App_name"
        android:theme="@style/AppTheme" >
        <activity
            android:name=".MainActivity"
            android:label="@string/App_name" >
            <intent-filter>
                <action android:name="android.intent.action.MAIN" />
                <category android:name="android.intent.category.LAUNCHER" />
            </intent-filter>
        </activity>

        <receiver android:name=".bcreceiver.DateChangedReceiver">
            <intent-filter>
                <action android:name="android.intent.action.DATE_CHANGED"/>
            </intent-filter>
        </receiver>
```

```
    </Application>

</manifest>
```

运行该程序，即可实现本例要求。

通过这个例子，我们可以进一步了解 Notification 的使用。下文将介绍有关 Notification 的更多内容。

4.2 本章同步练习一

编写一个 Notification 程序。当用户点击主界面上的某个按钮时，创建并显示一个 Notification；当用户拉开并点击该 Notification 时，在一个新的 Activity 中显示一段文字信息。

4.3 管理 Notification

NotificationManager 是 Notification 管理器，通过 NotificationManager 对象可以对 Notification 进行管理，包括通过它添加和取消一个或多个 Notification。通过语句：

```
context.getSystemService(Context.NOTIFICATION_SERVICE)
```

可以获取 NotificationManager 对象。

只要获取了一个 NotificationManager 对象，通过调用该对象的 notify(int nid,Notification notification)即可显示一个 Notification；通过调用其 cancel(int nid)即可取消一个已经存在的 Notification。

4.4 使用 Notification 显示任务进度

我们经常需要在程序中显示某个在后台工作的任务的进度。例如，下载某个资源的进度，进行某个运算的进度。这时我们可以采用 Notification 来显示这些后台任务的进度。

工作进度有两种情形：可预知的进度和不可预知的进度。可预知的进度，是指我们知道任务所完成的百分比。例如，在某个资源下载中，如果我们知道该资源的大小，也知道当前已经下载的数据大小，那么该任务的进度是可预知的；否则，该任务的进度是不可预知的。下面我们通过举例来说明如何使用 Notification 显示工作进度。

为了说明进度可预知和进度不可预知的任务，我们将分别模拟进度可预知的后台任务线程和进度不可预知的后台任务线程。在进度可预知的情况下，程序运行的效果如图 4-4 和图 4-5 所示；在进度不可预知的情况下，程序运行情况如图 4-6 和图 4-7 所示。

图 4-4　在进度可预知的情况下显示进度

图 4-5　进度可预知时任务完成后的界面

图 4-6 在进度不可预知的情况下显示循环进度

图 4-7 进度不可预知时任务运行结束后的界面

现在构建该程序。新建一个名为 Ex04Notification02 的 Android 工程。

先修改 res/layout/activity_main.xml 布局文件，该文件包含两个用户启动模拟后台任务的按钮，一个按钮用于启动可预知进度的任务，另一个按钮用于启动不可预知进度的任务。activity_main.xml 文件修改后的内容如下：

```
<RelativeLayout xmlns:android="http://schemas.android.com/apk/res/android"
   android:layout_width="match_parent"
   android:layout_height="match_parent">

   <Button
      android:id="@+id/id_btn_determ_task"
      android:layout_width="match_parent"
      android:layout_height="wrap_content"
      android:layout_alignParentTop="true"
      android:text="@string/text_btn_determ_task" />

   <Button
      android:id="@+id/id_btn_indeterm_task"
      android:layout_width="match_parent"
      android:layout_height="wrap_content"
      android:layout_below="@id/id_btn_determ_task"
      android:text="@string/text_btn_indeterm_task" />

</RelativeLayout>
```

然后需要修改 res/values/strings.xml 文件，在其中定义布局文件中引用的字符串，该文件内容如下：

```
<?xml version="1.0" encoding="utf-8"?>
<resources>

   <string name="App_name">Ex04Notification02</string>

   <string name="text_btn_determ_task">启动可预知任务运行</string>
   <string name="text_btn_indeterm_task">启动不可预知任务运行</string>

</resources>
```

修改 MainActivity.java 文件，以实现主界面、监听界面上按钮的点击，并构建两个线程分别用于模拟两个任务。修改后的 MainActivity 文件内容如下：

```
package com.ttt.ex04notification02;

import android.App.Activity;
import android.App.NotificationManager;
import android.content.Context;
```

```
import android.os.Bundle;
import android.support.v4.App.NotificationCompat;
import android.util.Log;
import android.view.View;
import android.view.View.OnClickListener;
import android.widget.Button;

public class MainActivity extends Activity implements OnClickListener {
    private Button btn_determ, btn_indeterm;

    @Override
    protected void onCreate(Bundle savedInstanceState) {
        super.onCreate(savedInstanceState);
        setContentView(R.layout.activity_main);

        btn_determ = (Button) this.findViewById(R.id.id_btn_determ_task);
        btn_determ.setOnClickListener(this);
        btn_indeterm = (Button) this.findViewById(R.id.id_btn_indeterm_task);
        btn_indeterm.setOnClickListener(this);
    }


    @Override
    public void onClick(View v) {
        int id = v.getId();

        if (id == R.id.id_btn_determ_task) {
            Thread thd01 = new Thread(new DeterminedTask());
            thd01.start();
            btn_determ.setEnabled(false);
        } else {
            Thread thd02 = new Thread(new InDeterminedTask());
            thd02.start();
            btn_indeterm.setEnabled(false);
        }
    }

    private class DeterminedTask implements Runnable {

        @Override
        public void run() {
            NotificationManager mNotifyManager = (NotificationManager)
                                    getSystemService(Context.NOTIFICATION_SERVICE);
            NotificationCompat.Builder mBuilder = new
                                    NotificationCompat.Builder(MainActivity.this);
            mBuilder.setContentTitle("下载资源");
            mBuilder.setContentText("下载进行中...");
            mBuilder.setSmallIcon(R.drawable.png0013);

            int incr;

            for (incr = 0; incr <= 50; incr += 5) {
                  mBuilder.setProgress(100, 2*incr, false);
```

```
                mNotifyManager.notify(1000, mBuilder.build());
                try {
                    Thread.sleep(5 * 1000);
                } catch (InterruptedException e) {
                    Log.d("Error", "sleep failure");
                }
            }

            mBuilder.setContentText("下载完成");
            mBuilder.setProgress(0, 0, false);
            mBuilder.setAutoCancel(true);
            mBuilder.setContentIntent(null);
            mNotifyManager.notify(1000, mBuilder.build());
        }
    }

    private class InDeterminedTask implements Runnable {

        @Override
        public void run() {
            NotificationManager mNotifyManager = (NotificationManager)
                                getSystemService(Context.NOTIFICATION_SERVICE);
            NotificationCompat.Builder mBuilder = new
                                NotificationCompat.Builder(MainActivity.this);
            mBuilder.setContentTitle("大运算任务");
            mBuilder.setContentText("大运算任务进行中...");
            mBuilder.setSmallIcon(R.drawable.png0588);

            long time = 10000 + Math.round(Math.random())*10000;

            mBuilder.setProgress(0, 0, true);
            mNotifyManager.notify(1001, mBuilder.build());
            try {
                Thread.sleep(time);
            } catch (InterruptedException e) {
                Log.d("Error", "sleep failure");
            }

            mBuilder.setContentText("大运算完成");
            mBuilder.setProgress(0, 0, false);
            mBuilder.setAutoCancel(true);
            mBuilder.setContentIntent(null);
            mNotifyManager.notify(1001, mBuilder.build());
        }
    }
}
```

在可预知进度的 DeterminedTask 任务中，我们假设线程要运行 50 秒，因此，在其 run 方法中，我们通过 for 循环来实现每 5 秒使用 setProgress 方法修改一次 Notification 进度，循环结束后，通过 setProgress(0,0,false)函数告知 Notification 进度完成。在不可预知进度的 InDeterminedTask 任务中，我们通过随机数生成器生成一个动态的时间，通过

setProgress(0,0,true)函数告知 Notification 进度是不可预知的，然后使线程睡眠，睡眠结束后，使用 setProgress(0,0,false)函数告知 Notification 任务完成。

运行程序，点击相应按钮，拉开 Notification，即可显示图 4-4～图 4-7 所示结果。

4.5 本章同步练习二

利用 Notification 实现一个闹铃程序，主界面可以设置闹铃的时间，启动闹铃后一旦到达设定时间就发出提醒，提醒需要有特别效果：声音、震动、灯光。

第5章

Android 支持包的使用

在短短的几年内，Android 版本已经从 1.0 发展到了 7.0，可谓发展迅速，Android 版本的不断更新意味着其功能在不断扩展。为了使旧版本的 Android 手机能够使用新 Android 版本提供的新功能，Android 提供了 Support Package（支持包）以完成功能的向下兼容。Android SDK 提供的一些基础功能，如 Fragment、ActionBar 等；以及一些常用的基础组件，如 ViewPager 等，在相应的支持包中都有提供。支持包提供的支持类能使你的程序具有更广泛的兼容性。

5.1 Android 支持包总览

到目前为止，Android 提供了 v4 支持包、v7 支持包、v8 支持包、v13 支持包和 v17 支持包。Android 对支持包进行版本编号，是因为 Android 提供的支持包必须在高于特定的 Android 版本（API Level）上才能使用。例如，v4 支持包只能在版本号大于或等于 Android 1.6（API 4）的 Android 系统上才能使用，v7 支持包只能在版本号大于或等于 Android 2.1（API 7）的 Android 系统上才能使用等。Android 支持包的特性如表 5-1 所示，各个支持包提供的全部类可参考 Android 的帮助文档。

表 5-1　Android 支持包的特性

支持包名	最低 API 号	常用类
v4	API 4（1.6）	Fragment：基础的 Fragment 功能 NotificationCompat：扩展的 Notification LocalBroadcastmanager：进程内发送广播消息功能 ViewPager：拖动切换界面视图的组件 PagerTitleStrip：ViewPager 的子视图 PagerTabStrip：ViewPager 的子视图 DrawerLayout：抽屉布局组件 SlidingPaneLayout：滑动面板布局组件
v7	API 7（2.1）	ActionBar：程序动作栏组件 ActionBarActivity：使用 ActionBar 的 Activity 的基类 GridLayout：网格布局组件
v8	API 8（2.2）	RenderScript：Android 计算框架
v13	API 13（3.2）	FragmentCompat：扩展的 Fragment

续表

支 持 包 名	最低 API 号	常 用 类
v17	API 17（4.2）	BrowserFragment：浏览类别的 Fragment DetailsFragment：Leanback 细节的 Fragment SearchFragment：搜索类别的 Fragment

其中 v4 支持包提供的支持类最多，这些支持类也是最常用的。例如，Fragment 是 Android 3.0（API 11）提供的功能，为了在 Android 1.6（API 4）中使用 Fragment，必须使用 v4 支持包中的 Fragment，不能使用系统自身的 Fragment 类，因为在 Android 1.6（API 4）中根本就没有 Fragment 类；ActionBar 也是 Android 3.0（API 11）提供的功能，由于 ActionBar 支持类不是 v4 支持包提供的，而是 v7 支持包提供的，所以 ActionBar 不能用于 Android 1.6（API 4）。

由于 Android 版本的问题，在编写 Android 程序时必须在应用程序的功能和支持设备的广泛性间进行平衡。程序使用的平台 SDK 提供的功能越多，应用程序支持设备的广泛性越小；应用程序支持设备广泛性越大，程序使用的平台 SDK 功能越受限，且程序只能使用支持包中提供的功能，或者自行编写需要的功能。

下文我们将通过两个例子来说明如何在低版本 Android 系统上使用 Android 支持包提供的功能，达到使用高版本 Android 系统才能具有的新功能。

5.2 下载 Android 支持包

在程序中使用 Android 支持包，需要先使用 Android SDK Manager 下载支持包。在 Eclipse 中，单击“Window”→“Android SDK Manager”命令，即可启动 Android SDK Manager。Android SDK Manager 窗口如图 5-1 所示。

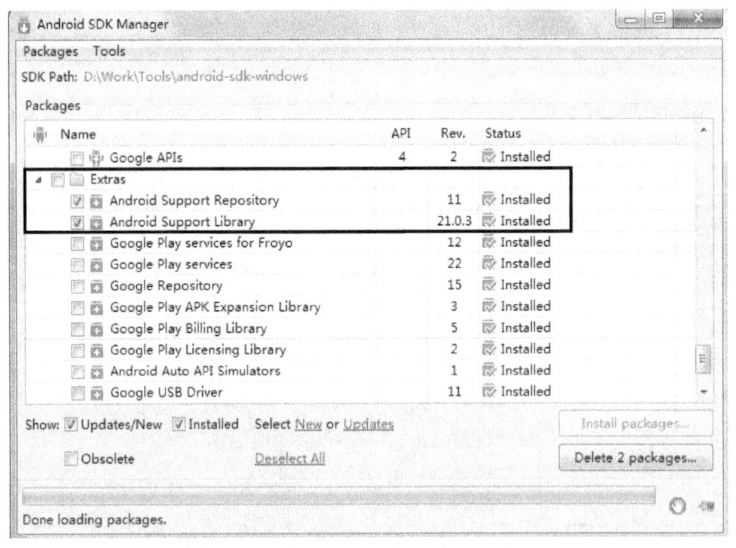

图 5-1 Android SDK Manager 窗口

确保“Extras”选项下的“Android Support Repository”和“Android Support Library”的状态是“Installed”，若不是，则选中这两项的复选框，并单击“Install packages...”按钮进行安装。安装完成后，就可以在应用程序中使用 Android Support Repository 和 Android Support Library 了。

5.3 使用支持包的 ViewPager 实现多屏滑动切换

ViewPager 是 v4 支持包提供的容器组件，它允许用户通过滑动动作来实现多个屏幕间的切换。ViewPager 一般与 Fragment 配合使用，且必须通过实现 PagerAdapter 接口为 ViewPager 提供要显示的界面。为了便于程序开发人员使用，Android 提供了两个实现了 PagerAdapter 的子类：FragmentPagerAdapter 和 FragmentStatePagerAdapter。在 ViewPager 中可以显示 Title 类型的标题或 Tab 类型的标题，用以表示当前活动界面。本节我们将通过例子来介绍 ViewPager 的使用。

该例子程序为显示一组可以通过滑动动作进行切换的图片，在图片切换时，作为标题的 Tab 也同时进行切换。程序运行初始界面如图 5-2 所示。

图 5-2　程序运行初始界面

滑动界面上方的标题栏，程序将根据滑动方向以动画的形式显示前一张或后一张图片，图片切换过程如图 5-3 所示。

图 5-3　图片切换过程

滑动完成，则显示相应的图片，滑动完成界面如图 5-4 所示。

图 5-4　滑动完成界面

该程序还可以通过点击标题来实现图片的切换。

现在我们来构建这个例子的程序。为此，创建一个名为 Ex05Support01 的 Android 工程，并将要显示的图片资源放置在 res/drawable 目录下。

先修改 res/layout/activity_main.xml 文件，使之包含一个 ViewPager 组件。为了在程序界面中显示标题栏，在 ViewPager 组件中放置一个 PagerTabStrip 组件。activity_main.xml 文件内容如下：

```
<android.support.v4.view.ViewPager
   xmlns:android="http://schemas.android.com/apk/res/android"
   android:id="@+id/id_pager"
   android:layout_width="match_parent"
   android:layout_height="match_parent">

   <android.support.v4.view.PagerTabStrip
      android:layout_width="match_parent"
      android:layout_height="wrap_content"
      android:layout_gravity="top"
      android:background="@color/background_material_dark"
      android:textColor="#fff"
      android:paddingTop="4dp"
      android:paddingBottom="4dp" />

</android.support.v4.view.ViewPager>
```

注意，因为 ViewPager 是 v4 支持包中的组件，所以我们需要将 ViewPager 的完整名称作为 XML 标签，PagerTabStrip 也是类似的。

由于在 ViewPager 中显示的每个界面都是一个 Fragment，所以我们需要对在 Fragment 中显示的界面进行布局。为此，在 res/layout 目录下新建一个名为 fragment_page.xml 的布局文件，Fragment 只是用来显示一个 ImageView，因此，布局很简单。当然，也可以使用稍复杂的布局。完整的 res/layout/fragment_page.xml 文件内容如下：

```
<?xml version="1.0" encoding="utf-8"?>
<LinearLayout xmlns:android="http://schemas.android.com/apk/res/android"
   android:layout_width="match_parent"
   android:layout_height="match_parent"
```

```
    android:orientation="vertical" >

    <ImageView
        android:id="@+id/id_imageview"
        android:layout_width="match_parent"
        android:layout_height="match_parent"
        android:scaleType="fitXY"
        android:contentDescription="@string/text_empty"
    />

</LinearLayout>
```

然后修改 res/values/strings.xml 文件，在其中定义一些引用的字符串。res/values/strings.xml 文件修改后的内容如下：

```
<?xml version="1.0" encoding="utf-8"?>
<resources>

    <string name="App_name">Ex05Support01</string>
    <string name="text_empty"></string>

</resources>
```

最后修改 MainActivity.java 文件，MainActivity.java 文件修改后的内容如下：

```
package com.ttt.ex05support01;

import android.support.v4.App.Fragment;
import android.support.v4.App.FragmentManager;
import android.support.v4.App.FragmentPagerAdapter;
import android.support.v4.view.ViewPager;
import android.support.v7.App.ActionBar;
import android.support.v7.App.AppCompatActivity;
import android.os.Bundle;
import android.view.LayoutInflater;
import android.view.View;
import android.view.ViewGroup;
import android.widget.ImageView;

public class MainActivity extends AppCompatActivity {
    MyFragmentStatePagerAdapter mMyFragmentStatePagerAdapter;
    ViewPager mViewPager;

    String[] titles = {"美图风景", "美图汽车", "美图漫画", "美图建筑", "美图花儿"};

    public void onCreate(Bundle savedInstanceState) {
        super.onCreate(savedInstanceState);
        setContentView(R.layout.activity_main);

        mMyFragmentStatePagerAdapter = new
                        MyFragmentStatePagerAdapter(getSupportFragmentManager());
        mViewPager = (ViewPager)findViewById(R.id.id_pager);
        mViewPager.setAdapter(mMyFragmentStatePagerAdapter);
```

```
}

public class MyFragmentStatePagerAdapter extends FragmentPagerAdapter {
    public MyFragmentStatePagerAdapter(FragmentManager fm) {
        super(fm);
    }

    @Override
    public Fragment getItem(int i) {
        Fragment fragment = new MyFragment();

        Bundle args = new Bundle();
        args.putInt(MyFragment.WHICH, i);
        fragment.setArguments(args);

        return fragment;
    }

    @Override
    public int getCount() {
        return titles.length;
    }

    @Override
    public CharSequence getPageTitle(int position) {
        return titles[position];
    }
}

public static class MyFragment extends Fragment {
    public static final String WHICH = "which";

    @Override
    public View onCreateView(LayoutInflater inflater,
                              ViewGroup container, Bundle savedInstanceState) {
        View v = inflater.inflate(R.layout.fragment_page, container, false);

        Bundle args = getArguments();
        ImageView iv = (ImageView)v.findViewById(R.id.id_imageview);
        int which = args.getInt(WHICH);
        int resId = 0;
        switch(which) {
            case 0:
                resId = R.drawable.jpg001;
                break;
            case 1:
                resId = R.drawable.jpg002;
                break;
            case 2:
                resId = R.drawable.jpg003;
                break;
```

```
            case 3:
                resId = R.drawable.jpg004;
                break;
            case 4:
                resId = R.drawable.jpg005;
                break;
        }
        iv.setImageResource(resId);

        return v;
    }
  }
}
```

在 MainActivity 的 onCreate 方法中，完成主界面布局显示、获取 ActionBar 并将其隐藏。然后，创建 PagerAdapter 对象，这里的 MyFragmentStatePagerAdapter 是 Android 的 FragmentStatePagerAdapter 类的子类。创建 PagerAdapter 对象的原因是，进行屏幕切换时 ViewPager 需要从这个对象中获取要显示的界面。查看 Android 的帮助文档你会发现，构建 MyFragmentStatePagerAdapter 类，只需要覆盖两个方法即可：一个是 getItem 方法，该方法用于获取要显示的 Fragment；另一个是 getCount 方法，该方法用于返回共有多少个需要显示的界面。在 MyFragmentStatePagerAdapter 类定义中，我们通过 getItem 方法创建了一个自己定义的 Fragment 对象，即 MyFragment 对象，在 MyFragment 的 onCreateView 方法中，展开 fragment_page.xml 布局，并设置要显示的图片，然后通过 getItem 方法将 MyFragment 对象返回给 ViewPager 进行显示。注意，在 getItem 方法中，通过一个 Bundle 对象可以将要显示的图片的编号传递给 MyFragment，使之按要求设置在 ImageView 中要显示的图片资源。

运行该程序，即可得到预期效果。

5.3.1　使用 ViewPager 的一般步骤

ViewPager 是常见的容器组件，被广泛用在需要多屏切换的应用中。使用 ViewPager 的一般步骤如下所示：

（1）创建一个包含 ViewPager 的主界面布局，如果需要 ViewPager 显示标题栏，则可以将 PagerTabStrip 或 PagerTitleStrip 嵌套到该 ViewPager 中。

（2）实现一个 FragmentPagerAdapter 或 FragmentPagerStateAdapter 的子类，并覆盖其中的 getItem 和 getCount 方法。

（3）创建实现 PagerAdapter 的对象，调用 ViewPager 的 setAdapter 并将它作为 ViewPager 的 Adapter。

5.3.2　PagerTabStrip 和 PagerTitleStrip

为了使 ViewPager 显示标题栏，可以使用 PagerTabStrip 或 PagerTitleStrip，那么这两个 Strip 有什么区别呢？通过下面的例子我们可以知道其中原因。

针对前面的例子，当我们在 ViewPager 中嵌入 PagerTabStrip 时，显示效果如图 5-5 所示。

图 5-5　PagerTabStrip 显示效果

当使用 PagerTabStrip 作为标题组件时，既可以通过滑动动作完成多屏切换，又可以通过点击标题 Tab 完成多屏切换。

修改 res/layout/activity_main.xml 文件，在 ViewPager 中嵌入 PagerTitleStrip，res/layout/activity_main.xml 文件内容如下：

```
<android.support.v4.view.ViewPager
   xmlns:android="http://schemas.android.com/apk/res/android"
   android:id="@+id/id_pager"
   android:layout_width="match_parent"
   android:layout_height="match_parent">

   <android.support.v4.view.PagerTitleStrip        //使用 PagerTitleStrip
      android:layout_width="match_parent"
      android:layout_height="wrap_content"
      android:layout_gravity="top"
      android:background="@color/background_material_dark"
      android:textColor="#fff"
      android:paddingTop="4dp"
      android:paddingBottom="4dp" />

</android.support.v4.view.ViewPager>
```

显示效果和图 5-5 一致，此时，只能通过滑动动作来切换图片。当 ViewPager 中不嵌套任何 Strip 时，ViewPager 将不显示标题组件（见图 5-6）。相应地，res/layout/content_main.xml 文件的内容如下所示：

```
<android.support.v4.view.ViewPager
   xmlns:android="http://schemas.android.com/apk/res/android"
   android:id="@+id/id_pager"
   android:layout_width="match_parent"
   android:layout_height="match_parent">

</android.support.v4.view.ViewPager>
```

图 5-6　不显示标题组件的 ViewPager 效果

5.3.3 FragmentPagerAdapter 和 FragmentPagerStateAdapter

从编程角度来看，FragmentPagerAdapter 与 FragmentPagerStateAdapter 没有任何区别，它们的区别仅仅体现在运行效率和对内存的使用上。FragmentPagerAdapter 管理的 Fragment 对象总是保存在内存中，这种情况下，进行界面切换将有更高的运行效率，但是会占用更多的内存空间；FragmentPagerStateAdapter 正好与此相反，它只将部分正在显示的 Fragment 保存在内存中，并且在必要时会销毁 Fragment，因此，FragmentPagerStateAdapter 有更好的内存使用效率和可能较低的运行效率。

因此，Android 建议当要切换显示的界面较少并且数量固定时，使用 FragmentPagerAdapter；当要切换显示的界面较多或数量不固定时，使用 FragmentPagerStateAdapter。

5.4 本章同步练习一

编写一个含有 ViewPager 的用于界面切换的程序，要求包括 10 个界面，其中几个界面用于显示文本、几个界面用于显示图片和一个界面包含 ListView，并在 Android 2.2 和 Android 4.x 上进行测试，观察运行效果。

5.5 使用支持包的 SlidingPaneLayout 实现双栏滑动

SlidingPaneLayout 是 v4 支持包提供的一个常用的容器组件，它实现了主导航面板和内容面板间的滑动切换，在程序中可以实现 SlidingPaneLayout.PanelSlideListener 接口从而监听面板的滑动过程。下面通过举例来说明 SlidingPaneLayout 的使用。

这个例子的程序可实现在屏幕左侧区域显示一个颜色和颜色值列表，当点击列表中的选项时，右侧区域就会显示对应的颜色。程序运行首界面如图 5-7 所示。

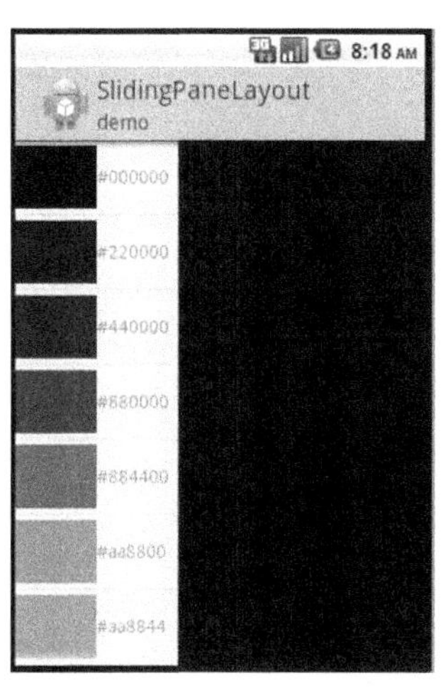

图 5-7　程序运行首界面

点击左侧列表中的任何一个选项，右侧区域都会显示相应颜色，程序运行效果如图 5-8 所示。

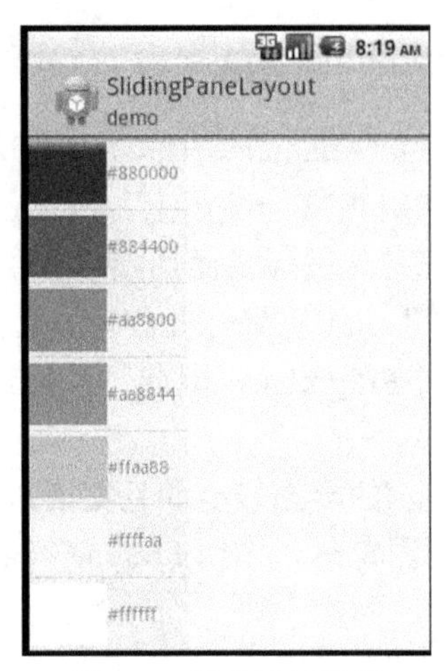

图 5-8　程序运行效果

同时，可以向左滑动右侧区域使之占据全部显示空间，也可以向右滑动右侧区域使左侧列表显示出来（见图 5-9）。

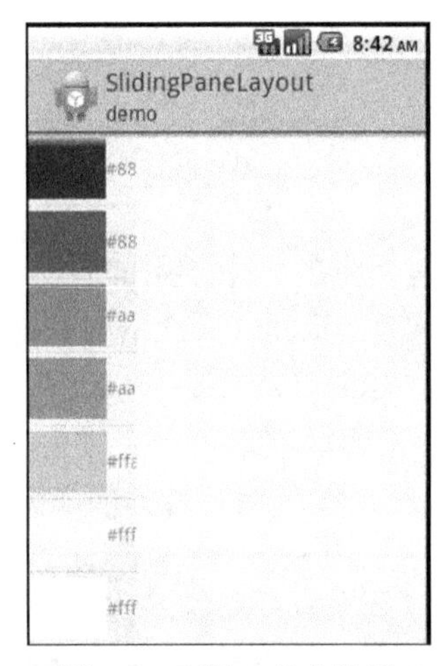

图 5-9　可滑动的右边栏

现在构建该程序。新建一个名为 Ex05Support02 的工程。先构建主界面布局，修改 res/layout/activity_main.xml 文件，修改后的文件内容如下所示：

```
<android.support.v4.widget.SlidingPaneLayout
    xmlns:android="http://schemas.android.com/apk/res/android"
    android:id="@+id/id_slidingpanelayout"
    android:layout_width="match_parent"
    android:layout_height="match_parent">

    <fragment
        android:id="@+id/id_listfragment"
        android:name="android.support.v4.App.ListFragment"
        android:layout_width="128dp"
        android:layout_height="match_parent"
    />

    <fragment
        android:id="@+id/id_colorfragment"
```

```
        android:name="com.ttt.ex12support03.fragment.ColorFragment"
        android:layout_width="match_parent"
        android:layout_height="match_parent"
    />

</android.support.v4.widget.SlidingPaneLayout>
```

在上述布局文件中，我们在 SlidingPaneLayout 容器组件中放置了两个 Fragment 组件。其中左边的 Fragment 是 Android 标准的 ListFragment，在 ListFragment 中显示颜色列表和相应的颜色值，列表项的布局是在 res/layout/list_item_layout.xml 文件中定义的，该文件内容如下所示：

```
<?xml version="1.0" encoding="utf-8"?>
<LinearLayout xmlns:android="http://schemas.android.com/apk/res/android"
    android:layout_width="match_parent"
    android:layout_height="match_parent"
    android:orientation="horizontal" >

    <View
        android:id="@+id/id_li_color"
        android:layout_width="64dp"
        android:layout_height="48dp"
        android:layout_marginTop="4dp"
        android:layout_marginBottom="4dp"
    />

    <TextView
        android:id="@+id/id_li_textview"
        android:layout_width="wrap_content"
        android:layout_height="match_parent"
        android:gravity="center"
    />

</LinearLayout>
```

右边的 Fragment 是我们自行定义的一个 ColorFragment，在该 Fragment 中显示颜色区域，它的布局是在 res/layout/content_fragment_layout.xml 文件中定义的，该文件内容如下：

```
<?xml version="1.0" encoding="utf-8"?>
<LinearLayout xmlns:android="http://schemas.android.com/apk/res/android"
    android:id="@+id/id_color_content"
    android:layout_width="match_parent"
    android:layout_height="match_parent"
    android:background="#000000"
    android:orientation="vertical" >

</LinearLayout>
```

ColorFragment 的代码也比较简单。为了便于管理，我们在 src 目录下新建一个名为 com.ttt.ex05support02.fragment 的包，在该包下新建一个名为 ColorFragment.java 的文件，该文件代码如下所示：

```
package com.ttt.ex05support02.fragment;

import com.ttt.ex05support02.R;
```

```
import android.App.Activity;
import android.os.Bundle;
import android.support.v4.App.Fragment;
import android.view.LayoutInflater;
import android.view.View;
import android.view.ViewGroup;

public class ColorFragment extends Fragment {

    @Override
    public View onCreateView(LayoutInflater inflater, ViewGroup container,
            Bundle savedInstanceState) {
        View view = inflater.inflate(R.layout.content_fragment_layout, container, false);
        return view;
    }

    @Override
    public void onAttach(Activity activity) {
        super.onAttach(activity);
    }

}
```

上述代码只是在 onCreateView 回调函数中展开布局并将该布局结果返回父 Activity。

为了给 ListFragment 的列表提供数据，需要实现一个 Adapter 接口。在 src 目录下，新建一个名为 com.ttt.ex05support02.adapter 的包，在这个包下新建一个名为 MyListAdapter.java 的文件，并将其内容修改为如下代码：

```
package com.ttt.ex05support02.adapter;

import com.ttt.ex05support02.R;

import android.content.Context;
import android.view.LayoutInflater;
import android.view.View;
import android.view.ViewGroup;
import android.widget.BaseAdapter;
import android.widget.TextView;

public class MyListAdapter extends BaseAdapter {
    private ColorMapString[] cms = {
        new ColorMapString(0xff000000, "#000000"),
        new ColorMapString(0xff220000, "#220000"),
        new ColorMapString(0xff440000, "#440000"),
        new ColorMapString(0xff880000, "#880000"),
        new ColorMapString(0xff884400, "#884400"),
        new ColorMapString(0xffaa8800, "#aa8800"),
        new ColorMapString(0xffaa8844, "#aa8844"),
        new ColorMapString(0xffffaa88, "#ffaa88"),
        new ColorMapString(0xffffffaa, "#ffffaa"),
        new ColorMapString(0xffffffff, "#ffffff")
    };

```

```
    private LayoutInflater mInflater;

    public MyListAdapter(Context context) {
        mInflater = (LayoutInflater)context.getSystemService(
                                              Context.LAYOUT_INFLATER_SERVICE);
    }


    @Override
    public int getCount() {
        return cms.length;
    }

    @Override
    public Object getItem(int position) {
        return cms[position];
    }

    @Override
    public long getItemId(int position) {
        return position;
    }

    @Override
    public View getView(int position, View convertView, ViewGroup parent) {
        View v;
        if (convertView != null)
            v = convertView;
        else
            v = mInflater.inflate(R.layout.list_item_layout, parent, false);

        v.setTag(Integer.valueOf(cms[position].color));
        View cv = v.findViewById(R.id.id_li_color);
        cv.setBackgroundColor(cms[position].color);
        cv.invalidate();
        TextView tv = (TextView)v.findViewById(R.id.id_li_textview);
        tv.setText(cms[position].name);

        return v;
    }

    private class ColorMapString {
        public int color;
        public String name;

        public ColorMapString(int color, String name) {
            this.color = color;
            this.name = name;
        }
    }
}
```

在自定义 Adapter 中，我们定义了一个用于保存颜色整数值和对应字符串名称的 ColorMapString 类，同时，初始化一个数组，并将我们要在列表中显示的颜色及其对应的字符串预先放置在该数组中，然后实现了作为 Adapter 需要实现的关键方法，如 getView()等。注意上述代码中的 getView 方法，在这里，我们获取 list_item_layout 列表项布局，并将颜色和字符串设置到相应组件中。为了便于在右侧的 Fragment 中显示颜色区域，我们将颜色值作为列表项的私有数据，并通过 setTag 方法将其保存到列表项中。

最后需要修改 MainActivity.java 文件，以实现主界面显示、监听对左侧列表项的点击，并根据点击在右侧栏显示相应的颜色区域。修改后的 MainActivity.java 文件内容如下：

```
package com.ttt.ex05support02;

import com.ttt.ex05support02.adapter.MyListAdapter;
import com.ttt.ex05support02.fragment.ColorFragment;

import android.support.v4.App.FragmentManager;
import android.support.v4.App.ListFragment;
import android.support.v7.App.ActionBar;
import android.support.v7.App.AppCompatActivity;
import android.os.Bundle;
import android.view.View;
import android.widget.AdapterView;
import android.widget.AdapterView.OnItemClickListener;
import android.widget.ListView;

public class MainActivity extends AppCompatActivity implements OnItemClickListener{

    @Override
    protected void onCreate(Bundle savedInstanceState) {
        super.onCreate(savedInstanceState);
        setContentView(R.layout.activity_main);

        FragmentManager fm = this.getSupportFragmentManager();
        ListFragment lf = (ListFragment)fm.findFragmentById(R.id.id_listfragment);
        MyListAdapter adapter = new MyListAdapter(this);
        lf.setListAdapter(adapter);
        ListView lv = (ListView)lf.getListView();
        lv.setOnItemClickListener(this);
    }

    @Override
    public void onItemClick(AdapterView<?> parent, View view, int position,
            long id) {

        FragmentManager fm = this.getSupportFragmentManager();
        ColorFragment cf = (ColorFragment)fm.findFragmentById(R.id.id_colorfragment);
        int color = ((Integer)view.getTag()).intValue();
        cf.getView().findViewById(R.id.id_color_content).setBackgroundColor(color);;
    }
}
```

通过 MainActivity 的 onCreate 方法，实现了主界面显示、设置了在 ActionBar 上显示的信息，然后通过 FragmentManager 获取左侧的 ListFragment、设置其 Adapter，并设置了 ListFragment 中的 ListView 以监听对列表项的点击。在 onItemClick 方法中，我们从被点击的列表项中通过 getTag 方法获取了在 MyListAdapter 的 getView 方法中设置的列表项中的颜色值，并将该颜色显示在右边栏的显示区域。

运行该程序，即可得到预期运行效果。

5.6　本章同步练习二

编写一个使用 SlidingPaneLayout 组件的程序，在左边栏显示一些常见网站的名称，点击左边栏中的网站名称，右边栏即可通过 WebView 组件显示相应网站的页面信息。

第 6 章

自定义组件

Android 有非常丰富的在编程时使用的组件，但总会发生这样的情况：现有的任何组件都不能满足你的需要。这时你需要定制自己的组件。

6.1 自定义组件的一般方法

Android 的组件框架为自定义组件提供了非常大的便利：Android 的任何组件都是 View 组件的子类。因此，自定义组件只需扩展 View 组件或其子类，并覆盖相应的方法即可。自定义组件的一般方法如下所示：

（1）扩展 View 类或其子类。

（2）覆盖从其父类继承的方法。一般来说，覆盖从父类继承的名称以“on”开头的方法，如 onDraw 方法、onMeasure 方法、onKeyDown 方法等，在其中完成定制组件需要完成的任务。

（3）在程序中使用自定义的组件。

基于在自定义组件时扩展的父类不同，可以采用 3 种不同但相似的方法来定制自定义组件：基于 View 的完全自定义组件、改进 Android 已有组件、组合 Android 组件以形成复合组件。

6.2 基于 View 的完全自定义组件

完全自定义组件就是直接继承 View 类，并通过覆盖相应的名称以“on”开头的方法来完全定制组件的外观、响应事件的处理等。我们通过例子来看看如何完全自定义一个组件：一个简单的时钟组件。自定义时钟组件的界面效果如图 6-1 所示。

图 6-1　自定义时钟组件的界面效果

新建一个名为 Ex06CustomView01 的工程。

时钟组件的外观可以在布局文件中配置，包括时钟外圈的颜色、时针外圈的宽度、表盘的颜色。为了在布局中使用时钟组件时可配置时钟组件的外观，需要对其可配置参数进行说明。为此，在 res/values 工程目录下新建一个名为 attrs.xml 的资源文件，这个文件的文件名可以任意设置，其内容如下：

```
<?xml version="1.0" encoding="utf-8"?>
<resources>

    <declare-styleable name="MyClock">
        <attr name="circleColor01" format="color" />
        <attr name="circleColor02" format="color" />
        <attr name="circleWidth" format="dimension" />
    </declare-styleable>

</resources>
```

时钟外圈的颜色是通过绘制两个以指定颜色填充的圆形成的。其中，circleColor01 是外圆的颜色；circleColor02 是内圆的颜色；circleWidth 是外圆和内圆的半径差，也就是时钟外圈的宽度。这些参数将在自定义 View 的代码中获取并根据参数的值设置组件的外观。

为了管理自定义组件，在 src 目录下新建一个名为 com.ttt.ex06customview01.view 的包，并在该包下新建一个名为 MyClock 的 Java 类。MyClock.java 文件的内容如下：

```
package com.ttt.ex06customview01.view;

import java.util.Calendar;
import com.ttt.ex06customview01.R;
import android.content.Context;
import android.content.res.TypedArray;
import android.graphics.Canvas;
import android.graphics.Paint;
import android.os.Handler;
import android.util.AttributeSet;
import android.view.View;

public class MyClock extends View {
    private int hour, minute, second;
    private boolean running;

    private Paint circlePaint, linePaint, timerPaint;
    private int circleColor01, circleColor02;
    private int circleWidth;

    private Handler handler;

    private float density = getResources().getDisplayMetrics().density;

    public MyClock(Context context) {
        super(context);

        circleColor01 = 0xFF000000;
        circleColor02 = 0xFFFFFFFF;
```

```
        circleWidth = (int) (4 * density);
        init();
    }

    public MyClock(Context context, AttributeSet attrs) {
        super(context, attrs);

        TypedArray a = context.obtainStyledAttributes(attrs,
                R.styleable.MyClock);

        circleColor01 = a.getColor(R.styleable.MyClock_circleColor01, 0xFF000000);
        circleColor02 = a.getColor(R.styleable.MyClock_circleColor02, 0xFFFFFFFF);
        circleWidth = a.getDimensionPixelOffset(R.styleable.MyClock_circleWidth, 4);

        init();

        a.recycle();
    }

    private final void init() {
        hour = 0; minute = 0; second = 0;
        running = false;
        handler = new Handler();

        circlePaint = new Paint();
        circlePaint.setAntiAlias(true);

        linePaint = new Paint();
        linePaint.setColor(0xFF000000);
        linePaint.setAntiAlias(true);
        linePaint.setStrokeWidth(2.0f*density);

        timerPaint = new Paint();
        timerPaint.setColor(0xFF000000);
        timerPaint.setAntiAlias(true);
        timerPaint.setStrokeWidth(3.0f*density);
    }

    @Override
    protected void onMeasure(int widthMeasureSpec, int heightMeasureSpec) {
        int width = measureWidth(widthMeasureSpec);
        int height = measureHeight(heightMeasureSpec);
        int result = Math.min(width, height);
        setMeasuredDimension(result, result);
    }

    private int measureWidth(int measureSpec) {
        int result = 0;
        int specMode = MeasureSpec.getMode(measureSpec);
        int specSize = MeasureSpec.getSize(measureSpec);

        if ((specMode == MeasureSpec.EXACTLY) ||
            (specMode == MeasureSpec.AT_MOST)) {
```

```
            result = specSize;
        } else {
            result = 256;
        }
        return result;
    }

    private int measureHeight(int measureSpec) {
        int result = 0;
        int specMode = MeasureSpec.getMode(measureSpec);
        int specSize = MeasureSpec.getSize(measureSpec);

        if ((specMode == MeasureSpec.EXACTLY) ||
            (specMode == MeasureSpec.AT_MOST)) {
            result = specSize;
        } else {
            result = 256;
        }

        return result;
    }

    @Override
    protected void onDraw(Canvas canvas) {
        super.onDraw(canvas);

        //绘制时钟外圈
        circlePaint.setColor(circleColor01);
        canvas.drawCircle(this.getWidth()/2, this.getHeight()/2,
                              this.getWidth()/2, circlePaint);
        circlePaint.setColor(circleColor02);
        canvas.drawCircle(this.getWidth()/2, this.getHeight()/2,
                              this.getWidth()/2 - circleWidth, circlePaint);

        //绘制时钟表盘
        canvas.save();
        for(int i=0; i<12; i++) {
            canvas.drawLine(this.getWidth()/2, 20*density,
                    this.getWidth()/2, circleWidth + 1*density, linePaint);
            canvas.rotate(30, this.getWidth()/2, this.getHeight()/2);
        }
        canvas.restore();

        //绘制时针、分针和秒针
        canvas.save();
        canvas.rotate(hour*30 + minute/2, this.getWidth()/2, this.getHeight()/2);
        timerPaint.setStrokeWidth(5.0f*density);
        canvas.drawLine(this.getWidth()/2, this.getHeight()/2, this.getWidth()/2,
                circleWidth + (this.getHeight()/4)*density, timerPaint);
        canvas.restore();

        canvas.save();
        canvas.rotate(minute*6, this.getWidth()/2, this.getHeight()/2);
```

```
        timerPaint.setStrokeWidth(4.0f*density);
        canvas.drawLine(this.getWidth()/2, this.getHeight()/2, this.getWidth()/2,
                circleWidth + (this.getHeight()/5)*density, timerPaint);
        canvas.restore();

        canvas.save();
        canvas.rotate(second*6, this.getWidth()/2, this.getHeight()/2);
        timerPaint.setStrokeWidth(3.0f*density);
        canvas.drawLine(this.getWidth()/2, this.getHeight()/2, this.getWidth()/2,
                circleWidth + (this.getHeight()/9)*density, timerPaint);
        canvas.restore();
    }


    private class TimerTask implements Runnable {
        @Override
        public void run() {
            while(running) {
                try {
                    Thread.sleep(1000);
                } catch (InterruptedException e) {
                    return;
                }

                Calendar c = Calendar.getInstance();
                hour = c.get(Calendar.HOUR);
                minute = c.get(Calendar.MINUTE);
                second = c.get(Calendar.SECOND);

                handler.post(new Runnable() {
                    @Override
                    public void run() {
                        MyClock.this.invalidate();
                    }
                });
            }
        }
    }

    @Override
    protected void onAttachedToWindow() {
        super.onAttachedToWindow();
        start();
    }

    @Override
    protected void onDetachedFromWindow() {
        super.onDetachedFromWindow();
        stop();
    }


    public void start() {
```

```
        if (running == false) {
            running = true;
            Thread t = new Thread(new TimerTask());
            t.start();
        }
    }

    public void stop() {
        running = false;
    }
}
```

代码稍微有点长，我们分开介绍。先看该代码定义的属性变量的含义：

```
    private int hour, minute, second;
    private boolean running;

    private Paint circlePaint, linePaint, timerPaint;
    private int circleColor01, circleColor02;
    private int circleWidth;

    private Handler handler;

    private float density = getResources().getDisplayMetrics().density;
```

上述代码中的 hour、minute 和 second 属性表示当前时间。running 属性表示判断当前用于更新时间属性的线程是否在运行。circlePaint、linePaint 和 timerPaint 是用于绘制时钟外观的画笔，关于画笔的使用，将在后文进行详细介绍。circleColor01、circleColor02 和 circleWidth 分别表示时钟外圆的颜色、内圆的颜色和外圈的宽度，这些参数可以从布局配置参数中获取。handler 属性是非 UI 线程与 UI 线程通信的对象，Android 规定非 UI 线程不可直接修改界面上组件的属性，Android 的 Activity 界面是由 UI 线程管理的，任何企图修改界面属性的非 UI 线程都将导致程序异常。因此，为了使非 UI 线程可以修改界面上组件的属性，需要通过向 UI 线程的消息队列发送消息，然后由 UI 线程来修改界面上组件的属性。density 属性表示屏幕密度比值，对于 160 点每英寸的密度，density 的值为 1；120 点每英寸的密度，density 的值为 0.75；240 点每英寸的密度，density 的值为 1.5 等，为了使该组件在不同屏幕密度的 Android 设备上有相似的外观，在程序中我们使用了这个比例。

该程序代码有两个构造函数，一个构造函数通过 Java 代码构造该类的对象，另一个构造函数通过 XML 布局构造该类的对象：

```
    public MyClock(Context context) {
        super(context);

        circleColor01 = 0xFF000000;
        circleColor02 = 0xFFFFFFFF;
        circleWidth = (int) (4 * density);
        init();
    }

    public MyClock(Context context, AttributeSet attrs) {
        super(context, attrs);

        TypedArray a = context.obtainStyledAttributes(attrs,
```

```
            R.styleable.MyClock);

        circleColor01 = a.getColor(R.styleable.MyClock_circleColor01, 0xFF000000);
        circleColor02 = a.getColor(R.styleable.MyClock_circleColor02, 0xFFFFFFFF);
        circleWidth = a.getDimensionPixelOffset(R.styleable.MyClock_circleWidth, 4);

        init();

        a.recycle();
    }
```

上述代码中 MyClock(Context context)函数用于通过 Java 代码构造该类的对象，代码相对比较简单，只是设置了属性的默认值。MyClock(Context context, AttributeSet attrs)函数通过 XML 布局文件来构造该类的对象，所有可用于配置 MyClock 组件属性的参数都被保存在 attrs 参数中，由于要使用的参数是自定义的，所以调用函数：

```
        TypedArray a = context.obtainStyledAttributes(attrs,
            R.styleable.MyClock);
```

来获取自己的可配置参数数组，其中 R.styleable.MyClock 就是我们在 attrs.xml 文件中定义的参数的集合。进而通过 TypedArray 相应的方法获取组件可配置参数的值：

```
        circleColor01 = a.getColor(R.styleable.MyClock_circleColor01, 0xFF000000);
        circleColor02 = a.getColor(R.styleable.MyClock_circleColor02, 0xFFFFFFFF);
        circleWidth = a.getDimensionPixelOffset(R.styleable.MyClock_circleWidth, 4);
```

需要注意的是，Android 规定属性名称格式为：styleable 的名称 + 下画线 + 可配置属性名称。

调用自定义的 init()函数来构建需要的对象，代码如下：

```
    private final void init() {
        hour = 0; minute = 0; second = 0;
        running = false;
        handler = new Handler();

        circlePaint = new Paint();
        circlePaint.setAntiAlias(true);

        linePaint = new Paint();
        linePaint.setColor(0xFF000000);
        linePaint.setAntiAlias(true);
        linePaint.setStrokeWidth(2.0f*density);

        timerPaint = new Paint();
        timerPaint.setColor(0xFF000000);
        timerPaint.setAntiAlias(true);
        timerPaint.setStrokeWidth(3.0f*density);
    }
```

上述代码对相应变量进行了初始化，其中 handler 变量直接由 new Handler()函数赋值：handler 的无参数的构造函数返回当前线程（此处为 UI 线程）的通信对象。其实 Paint 就是画笔。Paint 包含了各种各样的属性，如颜色、字体等属性。Paint 既然是画笔，就可以用来绘制各种各样的形状，如圆形、正方形、三角形等；也可以绘制各种曲线。其中，circlePaint 是绘制时钟外圆和内圆的画笔，linePaint 是绘制时钟刻度线的画笔，timerPaint 是绘制当前时针、分针和秒针的画笔。

在了解 onMeasure 和 onDraw 核心函数前，需要先了解 Android 组件框架。

使用 Android 的任何一个组件，不论是 Android 自带的组件还是自定义的组件，都需要先将组件放置到一个布局容器中。将组件放置到一个布局容器中有两个问题需要考虑，第一个问题是组件在界面上需要占用多大显示空间；第二个问题是组件上需要显示什么内容。

第一个问题：组件在界面上需要占用多大显示空间？为了了解组件在界面上要占用的显示空间，Android 组件框架会通过 onMeasure 函数来询问该组件需要多大显示空间。因此，每个组件都需要覆盖 View 类的 onMeasure 函数以回答这个问题。MyClock 组件的 onMeasure 函数回答这个问题的代码如下：

```
@Override
protected void onMeasure(int widthMeasureSpec, int heightMeasureSpec) {
    int width = measureWidth(widthMeasureSpec);
    int height = measureHeight(heightMeasureSpec);
    int result = Math.min(width, height);
    setMeasuredDimension(result, result);
}
```

onMeasure 函数包括两个参数，即 widthMeasureSpec 和 heightMeasureSpec，这两个参数分别表示组件父容器在显示空间上对该组件可使用空间的限制，虽然它们都是整数类型，但是 Android 将它们切分为模式和大小两部分。通过 View.MeasureSpec 类提供的静态方法 getMode 和 getSize 可以获取对应模式和大小，其中，getMode 包括如下几种可能值。

（1）MeasureSpec.AT_MOST，该组件可以获取 getSize 返回的像素指定的显示空间大小。

（2）MeasureSpec.EXACTLY，该组件可以获取 getSize 返回的像素指定的显示空间大小。

（3）MeasureSpec.UNSPECIFIED，该组件可以使用的显示空间的大小未被限制。

在 MyClock 组件的 onMeasure 函数中，我们在 measureWidth 和 measureHeight 私有函数中根据 widthMeasureSpec 和 heightMeasureSpec 参数的值来测量和确定组件要占用的显示空间的大小。由于宽度和高度的测量是相似的，我们以 measureWidth 私有函数为例来说明：

```
private int measureWidth(int measureSpec) {
    int result = 0;
    int specMode = MeasureSpec.getMode(measureSpec);
    int specSize = MeasureSpec.getSize(measureSpec);

    if ((specMode == MeasureSpec.EXACTLY) ||
        (specMode == MeasureSpec.AT_MOST)) {
        result = specSize;
    } else {
        result = 256;
    }

    return result;
}
```

在 measureWidth 私有函数中，我们先获取父容器对组件显示宽度的限制模式和大小，然后判断该模式值。如果模式值为 MeasureSpec.AT_MOST 或者 MeasureSpec.EXACTLY，我们就直接将这个大小作为组件的宽度，以便组件在父容器中可以完整显示出来；如果未被指定任何显示限制，我们直接将组件的宽度值设置为 256 像素。当然，根据组件的需要，可以设定任何数值作为组件的宽度，只是父容器只能显示组件上被 widthMeasureSpec 参数限定部分的内容，除非你移动组件使父容器显示该组件被隐藏部分的内容。measureWidth 函数和 measureHeight 函数确定组件的显示大小后，在 onMeasure 函数中，使用 Math.min 函数得出这两个函数的最小值，将其作为组件最终大小，并调用 setMeasuredDimension 告知父容器组件最终大小。

第二个问题是，组件上需要显示什么内容？为了了解组件界面上要显示的内容，Android 组件框架会通过调用组件的 onDraw 函数来询问该组件需要显示什么内容。因此，每个组件都需要覆盖 View 类的 onDraw 函数以回答这个问题。MyClock 组件的 onDraw 方法回答这个问题的代码如下：

```
@Override
protected void onDraw(Canvas canvas) {
    super.onDraw(canvas);

    //绘制时钟外圈
    circlePaint.setColor(circleColor01);
    canvas.drawCircle(this.getWidth()/2, this.getHeight()/2,
                      this.getWidth()/2, circlePaint);
    circlePaint.setColor(circleColor02);
    canvas.drawCircle(this.getWidth()/2, this.getHeight()/2,
                      this.getWidth()/2 - circleWidth, circlePaint);

    //绘制时钟表盘
    canvas.save();
    for(int i=0; i<12; i++) {
        canvas.drawLine(this.getWidth()/2, 20*density,
                this.getWidth()/2, circleWidth + 1*density, linePaint);
        canvas.rotate(30, this.getWidth()/2, this.getHeight()/2);
    }
    canvas.restore();

    //绘制时针、分针和秒针
    canvas.save();
    canvas.rotate(hour*30 + minute/2, this.getWidth()/2, this.getHeight()/2);
    timerPaint.setStrokeWidth(5.0f*density);
    canvas.drawLine(this.getWidth()/2, this.getHeight()/2, this.getWidth()/2,
            circleWidth + (this.getHeight()/4)*density, timerPaint);
    canvas.restore();

    canvas.save();
    canvas.rotate(minute*6, this.getWidth()/2, this.getHeight()/2);
    timerPaint.setStrokeWidth(4.0f*density);
    canvas.drawLine(this.getWidth()/2, this.getHeight()/2, this.getWidth()/2,
            circleWidth + (this.getHeight()/5)*density, timerPaint);
    canvas.restore();

    canvas.save();
    canvas.rotate(second*6, this.getWidth()/2, this.getHeight()/2);
    timerPaint.setStrokeWidth(3.0f*density);
    canvas.drawLine(this.getWidth()/2, this.getHeight()/2, this.getWidth()/2,
            circleWidth + (this.getHeight()/9)*density, timerPaint);
```

```
    canvas.restore();
}
```

在 onDraw 函数中，Android 的组件框架会向组件传递一个 canvas 参数，这个参数是一张画布，在这个画布上可以使用画笔绘制任何想绘制的内容，Canvas 类提供了一系列命名以“draw”开头的方法来在画布上绘制内容，并且画布的宽度和高度是无限的，绘制的内容是否能显示出来取决于父容器为组件留下的显示空间(我们将在 7.4 节中通过例子来说明这一点)。

先用如下代码来绘制时钟的外圈：

```
//绘制时钟外圈
circlePaint.setColor(circleColor01);
canvas.drawCircle(this.getWidth()/2, this.getHeight()/2,
                    this.getWidth()/2, circlePaint);
circlePaint.setColor(circleColor02);
canvas.drawCircle(this.getWidth()/2, this.getHeight()/2,
                    this.getWidth()/2 - circleWidth, circlePaint);
```

这段代码只是用两种不同的颜色画了两个圆而已。drawCircle 方法用到的坐标都是以组件的左上角为原点的平面坐标系为基准的，其中，this.getWidth 函数和 this.getHeight 函数可获取组件的宽度和高度。

绘制时钟刻度的代码如下：

```
//绘制时钟表盘
canvas.save();
for(int i=0; i<12; i++) {
    canvas.drawLine(this.getWidth()/2, 20*density,
            this.getWidth()/2, circleWidth + 1*density, linePaint);
    canvas.rotate(30, this.getWidth()/2, this.getHeight()/2);
}
canvas.restore();
```

时钟的刻度线有竖的、横的、斜的，要画出这样的刻度，需要计算各个刻度线起始点的坐标，这样做是非常麻烦的。幸运的是，Android 的 Canvas 类通过旋转画布避免了这个问题。MyClock 组件的具体做法是，先画出 12 点的刻度线。显然，通过如下语句：

```
    canvas.drawLine(this.getWidth()/2, 20*density,
            this.getWidth()/2, circleWidth + 1*density, linePaint);
```

即可画出 12 点时的刻度线。然后，将画布以组件的中心点为中心逆时针旋转 30 度，其语句为：

```
    canvas.rotate(30, this.getWidth()/2, this.getHeight()/2);
```

使画布逆时针旋转 30 度后再画出一条竖线，以此类推，画出 12 条刻度线即可。

我们如何使画布再回到旋转前的状态呢？这就是为什么在绘制刻度线之前会调用如下语句：

```
canvas.save();
```

通过 save 函数来保存画布当前的画布状态。在刻度线绘制完成后，调用如下语句：

```
canvas.restore();
```

回到旋转前 save 函数保存的画布状态。

绘制时针、分针、秒针的代码如下：

```
//绘制时针、分针、秒针
canvas.save();
canvas.rotate(hour*30 + minute/2, this.getWidth()/2, this.getHeight()/2);
```

```
    timerPaint.setStrokeWidth(5.0f*density);
    canvas.drawLine(this.getWidth()/2, this.getHeight()/2, this.getWidth()/2,
            circleWidth + (this.getHeight()/4)*density, timerPaint);
    canvas.restore();

    canvas.save();
    canvas.rotate(minute*6, this.getWidth()/2, this.getHeight()/2);
    timerPaint.setStrokeWidth(4.0f*density);
    canvas.drawLine(this.getWidth()/2, this.getHeight()/2, this.getWidth()/2,
            circleWidth + (this.getHeight()/5)*density, timerPaint);
    canvas.restore();

    canvas.save();
    canvas.rotate(second*6, this.getWidth()/2, this.getHeight()/2);
    timerPaint.setStrokeWidth(3.0f*density);
    canvas.drawLine(this.getWidth()/2, this.getHeight()/2, this.getWidth()/2,
            circleWidth + (this.getHeight()/9)*density, timerPaint);
    canvas.restore();
```

上述代码也没那么复杂，只是根据 hour、minute 和 second 变量的值，在时钟上绘制不同的线段而已。用 timerPaint.setStrokeWidth 语句设置时针、分针和秒针的线段的宽度。

绘制完了显示内容，为了显示实时时间，我们需要修改 hour、minute 和 second 变量的线程。为此，我们定义了 TimerTask 线程，代码如下：

```
private class TimerTask implements Runnable {
    @Override
    public void run() {
        while(running) {
            try {
                Thread.sleep(1000);
            } catch (InterruptedException e) {
                return;
            }

            Calendar c = Calendar.getInstance();
            hour = c.get(Calendar.HOUR);
            minute = c.get(Calendar.MINUTE);
            second = c.get(Calendar.SECOND);

            handler.post(new Runnable() {
                @Override
                public void run() {
                    MyClock.this.invalidate();
                }
            });
        }
    }
}
```

这个线程每秒获取一次系统时间，并更新 hour、minute 和 second 变量的值，不要想当然地认为可以直接调用组件的 invalidate 方法来更新组件的显示内容（组件的 invalidate 方法将使组件的显示内容被重新绘制）。正如我们之前在介绍 handler 对象时所说的，不能在非 UI 线程中修改界面的内容。因此，我们只能使用 handler 对象来完成 TimerTask 线程与 UI 线程的通信。

这里，通过 handler 对象向 UI 线程传递一个需要 UI 线程执行的函数，实现了时钟组件对时间的刷新。虽然这种方法有点麻烦，但这是必须做的。

为了使 MyClock 组件在显示出来时即可显示时间和更新时间，我们重写了 View 类的两个方法，onAttachedToWindow 和 onDetachedFromWindow，代码如下：

```
@Override
protected void onAttachedToWindow() {
    super.onAttachedToWindow();
    start();
}

@Override
protected void onDetachedFromWindow() {
    super.onDetachedFromWindow();
    stop();
}
```

顾名思义，这两个方法分别在显示组件和从界面上删除组件时被调用。我们在两个方法中分别启动和停止 TimerTask 线程，其中 start 和 stop 方法非常简单，分别用于启动 TimerTask 线程和停止 TimerTask 线程，代码如下：

```
public void start() {
    if (running == false) {
        running = true;
        Thread t = new Thread(new TimerTask());
        t.start();
    }
}

public void stop() {
    running = false;
}
```

到此，我们已经完成了 MyClock 组件的编写，现在可以将该组件应用到布局中了。为此，修改 res/layout/activity_main.xml 文件，其内容如下：

```
<LinearLayout xmlns:android="http://schemas.android.com/apk/res/android"
    android:layout_width="match_parent"
    android:layout_height="match_parent">

    <com.ttt.ex06customview01.view.MyClock
        android:id="@+id/id_myclock"
        android:layout_width="match_parent"
        android:layout_height="match_parent"
        myApp:circleColor01="#FFFF0000"
        myApp:circleColor02="#FFFFFFFF"
        myApp:circleWidth="4dp" />

</LinearLayout>
```

这个布局是在 LinearLayout 中显示 MyClock 组件。为了可以使用自定义参数，我们用如下代码来定义名字空间：

```
xmlns:myApp="http://schemas.android.com/apk/res/com.ttt.ex06customview01"
```

注意，名字空间的名称可以随意设置，这里我们使用了 myApp，名字空间的路径的一般方式为 http://schemas.android.com/apk/res/组件所在的包名。

现在可以在 MainActivity 中显示界面了，MainActivity.java 文件的代码如下：

```
package com.ttt.ex06customview01;

import android.support.v7.App.AppCompatActivity;
import android.os.Bundle;

public class MainActivity extends AppCompatActivity {

    @Override
    protected void onCreate(Bundle savedInstanceState) {
        super.onCreate(savedInstanceState);
        setContentView(R.layout.activity_main);
    }

}
```

运行该程序，即可显示预期运行结果。

6.3 本章同步练习一

修改 6.2 节中的 MyClock 组件，在时针的刻度盘上显示各个刻度的时间值。提示：使用 Canvas 类的 drawText 方法绘制文本信息，同时使用 Canvas 类的 rotate 方法旋转画布，以避免复杂的坐标计算。

6.4 改进 Android 已有组件

如果 Android 已经存在一个与你期望的组件在外形或功能上相差不大的组件，那么你可以改进这个组件来满足你的需要。我们通过一个简单的例子来说明如何改进 Android 现有组件，以满足自己的要求。改进 Android 的 TextView，使 TextView 显示的文字有一条下画线。改进后的 TextView 运行效果如图 6-2 所示。

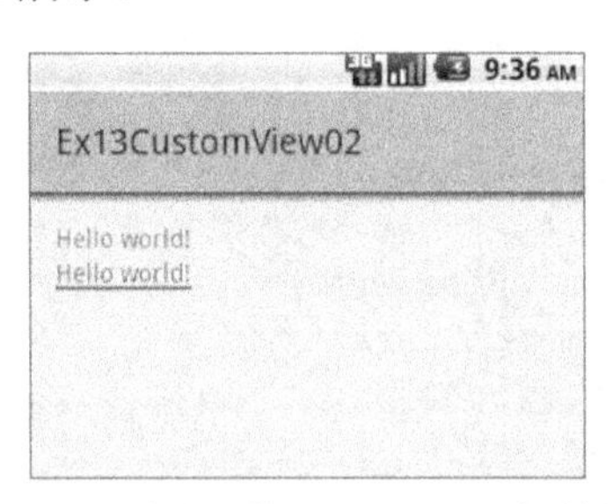

图 6-2　改进后的 TextView 运行效果

图 6-2 显示了两行文字，上面的“Hello world!”是用 Android 自带的 TextView 组件显示的，下面的“Hello world!”是用改进后的 MyTextView 组件显示的，MyTextView 组件在显示的文字下面加了一条下画线。

现在构建这个例子的程序。新建一个名为 Ex06CustomView02 的工程。

MyTextView 组件在布局时可以使用配置参数，因此，在 res/values 目录下，新建一个名称为 attrs.xml 的文件，该文件内容如下：

```
<?xml version="1.0" encoding="utf-8"?>
<resources>

    <declare-styleable name="MyTextView">
        <attr name="lineColor" format="color" />
        <attr name="lineWidth" format="dimension" />
    </declare-styleable>

</resources>
```

其中，lineColor 用于设置下画线的颜色；lineWidth 用于设置下画线的宽度。

同样，为了便于管理自己的组件，在 src 目录下新建一个名为 com.ttt.ex06customview02.view 的包，并在该包下新建一个名为 MyTextView 的 Java 类，该类的代码如下：

```
package com.ttt.ex06customview02.view;

import com.ttt.ex06customview02.R;

import android.content.Context;
import android.content.res.TypedArray;
import android.graphics.Canvas;
import android.graphics.Paint;
import android.util.AttributeSet;
import android.widget.TextView;

public class MyTextView extends TextView {
    private int lineColor;
    private int lineWidth;

    private Paint linePaint;

    public MyTextView(Context context) {
        super(context);

        lineColor = 0xFF000000;
        lineWidth = 2;
        init();
    }

    public MyTextView(Context context, AttributeSet attrs) {
        super(context, attrs);

        TypedArray a = context.obtainStyledAttributes(attrs, R.styleable.MyTextView);
        lineColor = a.getColor(R.styleable.MyTextView_lineColor, 0xFF000000);
        lineWidth = a.getDimensionPixelOffset(R.styleable.MyTextView_lineWidth, 2);

        init();

        a.recycle();
    }
```

```
    private final void init() {
        linePaint = new Paint();
        linePaint.setColor(lineColor);
        linePaint.setAntiAlias(true);
        linePaint.setStrokeWidth(lineWidth);
    }

    protected void onDraw(Canvas canvas) {
        super.onDraw(canvas);

        canvas.drawLine(0, this.getHeight(),
                this.getWidth(), this.getHeight(), linePaint);
    }
}
```

MyTextView 是 TextView 类的子类。在这个类的构造函数中，我们获取组件配置参数，并创建用于绘制下画线的 Paint 对象。在文字下面添加下画线，需要重载 TextView 的 onDraw 函数，其代码如下：

```
    protected void onDraw(Canvas canvas) {
        super.onDraw(canvas);

        canvas.drawLine(0, this.getHeight(),
                this.getWidth(), this.getHeight(), linePaint);
    }
```

上述代码先调用 TextView 的 onDraw 函数来绘制文字，然后添加 drawLine 函数来绘制下画线。

MyTextView 组件编写完成后，修改 res/layout/activity_main.xml 文件，在布局中使用新的组件。修改后的 res/layout/activity_main.xml 文件内容如下：

```
<LinearLayout xmlns:android="http://schemas.android.com/apk/res/android"
    xmlns:myApp="http://schemas.android.com/apk/res/com.ttt.ex06customview02"
    android:layout_width="match_parent"
    android:layout_height="match_parent"
    android:orientation="vertical" >

    <TextView
        android:layout_width="wrap_content"
        android:layout_height="wrap_content"
        android:text="@string/hello_world" />

    <com.ttt.ex06customview02.view.MyTextView
        android:layout_width="wrap_content"
        android:layout_height="wrap_content"
        myApp:lineColor="#FFFF0000"
        myApp:lineWidth="3dp"
        android:text="@string/hello_world" />

</LinearLayout>
```

上述代码只是在 Android 自带的 TextView 组件下放置了 MyTextView 组件，无须修改 MainActivity.java 文件即可运行该程序，并得到图 6-2 所示结果。

6.5　组合 Android 组件以形成复合组件

建议使用 Fragment 组合已有组件进而形成复合组件，关于这个问题可以参考本书第 2 章内容，在此不再赘述。

6.6　本章同步练习二

继续 6.3 节本章同步练习一的内容，编写一段程序实现以下内容：用修改后的 MyClock 组件、6.4 节中修改后的 MyTextView 组件，以及两个按钮布局一个新的界面，并用 MyTextView 组件显示一段文字，两个按钮分别用于启动及停止时针运行。

6.7　基于 SurfaceView 的自定义组件

在介绍基于 View 的自定义组件时，我们要求界面 UI 的绘制都必须在 onDraw 回调方法中完成，这意味着基于 View 的自定义组件不能在单独的非 UI 线程中绘制界面 UI，这种限制不能满足对界面变化需要进行快速响应和实时响应的应用，如游戏应用。为了处理界面的实时绘制，并达到在非 UI 线程中绘制界面 UI 的目的，Android SDK 提供了更为高效的 SurfaceView 组件，基于 SurfaceView 的自定义组件即可满足对界面 UI 的实时绘制要求。

6.7.1　理解 SurfaceView

如何理解 SurfaceView 呢？为了使用 SurfaceView 及其子类，需要先理解 Surface 的概念。从本质上讲，Surface 是屏幕显示缓冲区，也就是，在 Surface 上绘制的任何内容都能够直接显示到手机屏幕上。为了有效地管理和使用每个 SurfaceView 对应的 Surface，即为了避免多个线程同时在 Surface 上绘制，SurfaceView 提供了一个控制器——SurfaceHolder，通过 SurfaceHolder 可以实现对 Surface 的有序使用。

SurfaceView 是通过直接在 Surface 屏幕缓冲区上绘制内容达到高效绘制的目的的，系统给每个 SurfaceView 准备 Surface 是需要时间的，为了让应用程序知道系统已经准备好了 Surface，需要一个回调接口，这个回调接口就是 SurfaceHolder.Callback。现在对基于 SurfaceView 自定义组件的一般过程做出如下总结。

（1）定义一个继承自 SurfaceView 类的子类，并在该类中实现 SurfaceHolder.Callback 接口；

（2）实现一个线程，完成对 Surface 的绘制。

6.7.2　一个简单的 SurfaceView 的例子

我们编写一个简单的基于 SurfaceView 自定义组件的例子，这个例子可以实现以动画的方式显示一个由小到大逐渐变化的圆。SurfaceView 自定义组件运行界面如图 6-3 所示。

图 6-3　SurfaceView 自定义组件运行界面

下面来构建这个程序。新建一个名为 Ex06CustomView03 的 Android 工程，新建一个 DemoSurfaceView 的 Java 类，其代码如下：

```
package com.ttt.ex06customview03;

import android.content.Context;
import android.graphics.Canvas;
import android.graphics.Color;
import android.graphics.Paint;
import android.util.AttributeSet;
import android.view.SurfaceHolder;
import android.view.SurfaceHolder.Callback;
import android.view.SurfaceView;

public class DemoSurfaceView extends SurfaceView  implements Callback{

   LoopThread thread;

   public DemoSurfaceView(Context context) {
      super(context);
      init();
   }

   public DemoSurfaceView(Context context, AttributeSet attrs) {
      super(context, attrs);
      init();
   }

   private void init(){

      SurfaceHolder holder = getHolder();
      holder.addCallback(this); //设置 Surface 生命周期回调
      thread = new LoopThread(holder, getContext());
   }

   @Override
   public void surfaceChanged(SurfaceHolder holder, int format, int width,
                        int height) {
```

```
    }

    @Override
    public void surfaceCreated(SurfaceHolder holder) {
        thread.isRunning = true;
        thread.start();
    }

    @Override
    public void surfaceDestroyed(SurfaceHolder holder) {
        thread.isRunning = false;
        try {
            thread.join();
        } catch (InterruptedException e) {
            e.printStackTrace();
        }
    }

    class LoopThread extends Thread{

        SurfaceHolder surfaceHolder;
        Context context;
        boolean isRunning;
        float radius = 10f;
        Paint paint;

        public LoopThread(SurfaceHolder surfaceHolder,Context context){

            this.surfaceHolder = surfaceHolder;
            this.context = context;
            isRunning = false;

            paint = new Paint();
            paint.setColor(Color.YELLOW);
            paint.setStyle(Paint.Style.STROKE);
        }

        @Override
        public void run() {
            Canvas c = null;
            while(isRunning){
                try{
                    c = surfaceHolder.lockCanvas(null);
                    doDraw(c);
                    surfaceHolder.unlockCanvasAndPost(c);
                    Thread.sleep(50);
                } catch (InterruptedException e) {
                    e.printStackTrace();
                } finally {
                }
            }
        }
```

```
        public void doDraw(Canvas c){
            //这个很重要，清屏操作，清除上次绘制的残留图像
            c.drawColor(Color.BLACK);

            c.translate(200, 200);
            c.drawCircle(0,0, radius++, paint);

            if(radius > 100){
                radius = 10f;
            }
        }
    }
}
```

在上段代码中我们自定义了一个 SurfaceView 类的子类，理解这个代码并不难。关键是看如下代码：

```
        @Override
        public void run() {
            Canvas c = null;
            while(isRunning){
                try{
                    c = surfaceHolder.lockCanvas(null);
                    doDraw(c);
                    surfaceHolder.unlockCanvasAndPost(c);
                    Thread.sleep(50);
                } catch (InterruptedException e) {
                    e.printStackTrace();
                } finally {
                }
            }
        }
```

此段代码通过如下语句：

```
                    c = surfaceHolder.lockCanvas(null);
```

获取基于显示缓冲区的 Surface 的 Canvas 画布，进而让我们可以在画布上进行绘制。Canvas 画布是无限大的，我们可以通过滑动手机屏幕来显示不同区域的信息。

在绘制完成后需要调用如下语句：

```
                    surfaceHolder.unlockCanvasAndPost(c);
```

释放 Surface 并在屏幕上显示出来。

最后，修改 activity_main.xml 文件，该文件内容如下：

```
<?xml version="1.0" encoding="utf-8"?>
<RelativeLayout xmlns:android="http://schemas.android.com/apk/res/android"
    android:id="@+id/content_main"
    android:layout_width="match_parent"
    android:layout_height="match_parent">

    <com.ttt.ex06customview03.DemoSurfaceView
        android:layout_width="wrap_content"
        android:layout_height="wrap_content"
        android:text="Hello World!" />
```

```
</RelativeLayout>
```

MainActivity.java 文件不需要做任何修改。运行这个程序，即可显示如图 6-3 所示效果。

6.7.3　使用基于内存的 SurfaceView 绘制技术

在默认情况下，SurfaceView 是基于双缓冲的，也就是，每次用 SurfaceHolder.lockCanvas 来获取基于 Surface 的画布时，Android 都会自动对两个画布进行轮流使用。例如，在系统正在显示画布 A 时调用 SurfaceHolder.lockCanvas 将获取画布 B 的引用；调用 SurfaceHolder.unlockCanvasAndPost 来释放并显示绘制的画布内容后，再次调用 SurfaceHolder.lockCanvas 来获取基于 Surface 的画布时，将获取画布 A 的引用，如此循环。因此，该技术称为双缓冲技术。

双缓冲技术可以有效提升绘制效率和显示效率，但是，有时会出现闪屏现象。此时，你可以使用基于内存的 SurfaceView 绘制技术来解决这个问题，出发点非常简单：先将要绘制的内容在内存中绘制好，然后整体一次性显示出来，从而避免出现闪屏现象。

为此，新建一个 Android 工程并新建一个 DoubleSurfaceView.java 文件，该文件内容如下：

```
import java.util.Date;
import java.util.Random;

import android.content.Context;
import android.graphics.Bitmap;
import android.graphics.Canvas;
import android.graphics.Color;
import android.graphics.Paint;
import android.graphics.Paint.Style;
import android.graphics.Path;
import android.util.AttributeSet;
import android.util.Log;
import android.view.SurfaceHolder;
import android.view.SurfaceView;

public class DoubleSurfaceView extends SurfaceView implements
        SurfaceHolder.Callback {
    private final static String TAG = "DoubleSurfaceView";
    private SurfaceHolder holder;

    private int width;
    private int height;
    private Boolean isRunning = true;

    private Paint paint;
    private int i = 0;

    Bitmap board = null;
    Canvas boardCanvas = null;

    public DoubleSurfaceView(Context context) {
        super(context);
        init();
    }

    public DoubleSurfaceView(Context context, AttributeSet attrs) {
```

```
        super(context, attrs);
        init();
    }

    public DoubleSurfaceView(Context context, AttributeSet attrs, int defStyle) {
        super(context, attrs, defStyle);
        init();
    }

    void init() {
        holder = this.getHolder();
        holder.addCallback(this);
    }

    @Override
    public void surfaceChanged(SurfaceHolder holder, int format, int width,
                        int height) {
    }

    @Override
    public void surfaceCreated(SurfaceHolder holder) {
        width = this.getWidth();
        height = this.getHeight();

        board = Bitmap.createBitmap(this.getWidth(), this.getHeight(),
              Bitmap.Config.ARGB_8888);
        boardCanvas = new Canvas(board);

        paint = new Paint();
        paint.setStyle(Style.FILL);
        paint.setAntiAlias(true);

        drawThread.start();
    }

    @Override
    public void surfaceDestroyed(SurfaceHolder holder) {
        isRunning = false;
    }

    Thread drawThread = new Thread() {
        public void run() {
            while (isRunning) {
                long startTime = System.currentTimeMillis();
                Random random = new Random(System.currentTimeMillis());
                Canvas canvas = null;

                try {
                    paint.setColor(Color.rgb(100,100, 100));
                    paint.setStrokeWidth(4);
                    paint.setTextSize(40);

                    String text = "" + i + "";
                    i++;
```

```
                boardCanvas.drawColor(Color.BLACK);
                boardCanvas.drawText(text, width/2, height/2, paint);

                canvas = holder.lockCanvas();
                if (canvas!=null && board!=null) {
                    canvas.drawBitmap(board, 0, 0, null);
                }

                Thread.sleep(50);
            } catch (Exception e) {
                e.printStackTrace();
            } finally {
                if (holder != null && canvas != null) {
                    holder.unlockCanvasAndPost(canvas);
                }
                long endTime = System.currentTimeMillis();
                Log.e(TAG, "*** 1 spend time: " + (endTime-startTime));
            }
        }
    };
  };
}
```

将 activity_main.xml 布局文件修改为如下内容：

```
<?xml version="1.0" encoding="utf-8"?>
<RelativeLayout xmlns:android="http://schemas.android.com/apk/res/android"
    android:id="@+id/content_main"
    android:layout_width="match_parent"
    android:layout_height="match_parent">

    <com.ttt.ex06customview03.DoubleSurfaceView
        android:layout_width="wrap_content"
        android:layout_height="wrap_content"
        android:text="Hello World!" />

</RelativeLayout>
```

运行该程序，界面将快速连续地显示数字（见图 6-4）。

图 6-4　运行效果

6.8 本章同步练习三

编写一个基于 SurfaceView 的程序，要求该程序实现：通过按键控制屏幕上小人上、下、左、右连续移动。

第 7 章

触屏事件和基于矩阵的图像变换

智能手机及平板设备均配备了多点触控的显示设备，因此，对于 Android 开发者来说，灵活地对触屏事件进行处理对提升用户体验是至关重要的。本章将对触屏事件的监听和处理进行详细介绍。利用矩阵对图像进行变换，包括图像的拉伸、旋转、扭曲、平移等，这也是程序设计中经常用到的技术，并且触屏事件经常会涉及图像的变换，因此，本章将对基于矩阵的图像变换进行介绍。

7.1 触屏事件基础

Android 是通过 MotionEvent 对象对触屏事件进行封装的。封装在 MotionEvent 中的触屏事件信息包括事件类型、触点指针信息、触屏点的坐标、触点的压力等。其中，通过 MotionEvent 的 getX 方法及 getY 方法即可获取触屏点的坐标，通过 getPressure 方法即可获取触点的压力，这些内容都比较简单，但是事件类型和触点指针信息有点复杂，下文将对它们进行仔细介绍。

常用的事件类型是定义在 MotionEvent 中的常量，它们可以通过 MotionEvent 对象的 getActionMasked 方法获取，常量名称及其含义如下。

（1）ACTION_DOWN：当第一个手指触及触屏设备时被激发，其值为 0。

（2）ACTION_POINTER_DOWN：当第二个及以后的手指触及触屏设备时被激发，其值为 5。

（3）ACTION_MOVE：当任何一个手指在触屏上移动时被激发，其值为 2。指针的移动是一个多发事件，为了提升效率，Android 会将多个 ACTION_MOVE 事件打包成一个 ACTION_MOVE 事件，因此，在处理这个事件时，需要调用 MotionEvent 的 getHistorySize 方法以获取 ACTION_MOVE 的事件个数，然后获取每个指针的移动位置。下面的例子中我们将详细介绍如何处理这个事件。

（4）ACTION_POINTER_UP：当非最后一个手指离开触屏时被激发，其值为 6。

（5）ACTION_UP：当最后一个手指离开触屏时被激发，其值为 1。

（6）ACTION_OUTSIDE：当手指从监听触屏事件的控件移动到不监听触屏事件的控件时被激发，其值为 4。

（7）ACTION_CANCEL：当系统取消触屏事件时被激发，可以将该事件与 ACTION_UP 事件等同处理，其值为 3。

触点指针信息用于标注当前触屏事件是在哪个手指（指针）上发生的，通过调用 MotionEvent 的 getActionIndex 方法即可得到当前触屏事件发生的指针索引。例如，当第二个及以后的手指触及触屏设备时都将激发 ACTION_POINTER_DOWN 事件，可是到底是几个手指触及触屏设备呢？这时我们需要获取触屏指针的相关信息。

每个触及触屏设备的手指（指针）包括两个信息：指针 ID 和指针索引。其中，指针 ID 是手指触及触屏设备时，系统自动为每个手指分配一个唯一的 ID，这个 ID 从手指触及触屏设备到手指完全提起的整个过程都保持不变。指针索引通过调用 MotionEvent 的 getActionIndex 方法即可得到，对于一个特定的手指，这个索引会随着其他手指按下和提起不断变化，为了得到某个指针索引对应的指针 ID，MotionEvent 提供了 getPointerId 方法，这个方法需要传递一个指针索引参数。当然，我们也可以通过调用 findPointerIndex 方法得到特定的指针 ID 对应的指针索引，该方法需要传递一个指针 ID 作为参数。

现在有一个问题：既然每个按下的手指都有一个指针 ID 号，那么直接将指针 ID 作为指针标注不就行了吗，为什么还需要指针索引呢？因为指针 ID 是不连续的，而指针索引是连续的，其值总是从 0 到 MotionEvent.getPointerCount – 1，更便于通过循环来处理多点触控，这也是为什么在 MotionEvent 方法中总是使用指针索引作为方法参数的原因。

7.2 触屏事件基础举例

下面我们通过一个简单的例子来说明如何监听和处理触屏事件。对于任何一个组件，我们都可以通过调用 setOnTouchListener 来监听触屏事件，并在 OnTouchListener 接口的 onTouch 函数中对触屏事件进行处理。

在这个例子中，我们在 Activity 中显示一个空的 LinearLayout 界面，并使该 LinearLayout 监听触屏事件，然后我们连续用不同的手指不断触及屏幕，移动或提起手指，并在 LogCat 中打印监听到的触屏事件信息。运行该例子，触屏事件处理运行例子主界面如图 7-1 所示（因为模拟器不支持多点触摸，你需要在真实手机上运行该例子）。

图 7-1　触屏事件处理运行例子主界面

我们将在 LogCat 中显示相应的触屏事件信息。

首先，在触屏上按下第一个手指，由于很难控制按下的手指不再移动，所以，在显示按下手指后会显示手指在移动，如图 7-2 所示。

Tag	Text
Motion	第一个手指按下： index=0 ID=0 x=234.62323 y=257.35388 pressure=0.227451 size=0.2
Motion	手指移动： index=0 ID=0 x=234.623230 y=257.353882 pressure=0.250980 size=0.250000)
Motion	手指移动： index=0 ID=0 x=234.623230 y=257.353882 pressure=0.278431 size=0.300000)

图 7-2　按下第一个手指

程序正确地监听到了第一个手指按下的事件，输出的信息中包括指针索引、指针 ID、触点坐标 x 和 y 的值、按下的压力及手指触及的面积大小，然后提起手指，显示如图 7-3 所示信息。

Tag	Text
Motion	第一个手指按下: index=0 ID=0 x=234.62323 y=257.35388 pressure=0.227451 size=0.2
Motion	手指移动: index=0 ID=0 x=234.623230 y=257.353882 pressure=0.250980 size=0.250000)
Motion	手指移动: index=0 ID=0 x=234.623230 y=257.353882 pressure=0.278431 size=0.300000)
Motion	手指移动: index=0 ID=0 x=234.623230 y=257.353882 pressure=0.254902 size=0.250000)
Motion	最后一个手指提起: index=0 ID=0 x=234.62323 y=257.35388 pressure=0.25490198 size=0.25

图 7-3　提起按下的第一个手指

程序能够正确监听到第一个手指提起的事件。现在按下第一个手指后，再按下第二个手指，显示如图 7-4 所示信息。

Tag	Text
Motion	第一个手指按下: index=0 ID=0 x=121.7108 y=113.0542 pressure=0.14509805 size=0.1
Motion	手指移动: index=0 ID=0 x=121.710800 y=113.054199 pressure=0.188235 size=0.150000)
Motion	手指移动: index=0 ID=0 x=121.710800 y=113.054199 pressure=0.215686 size=0.200000)
Motion	手指移动: index=0 ID=0 x=121.710800 y=113.054199 pressure=0.239216 size=0.200000)
Motion	手指按下: index=1 ID=1 x=291.81262 y=255.53879 pressure=0.1254902 size=0.1
Motion	手指移动: index=0 ID=0 x=121.710800 y=113.054199 pressure=0.239216 size=0.200000)
Motion	手指移动: index=1 ID=1 x=291.812622 y=255.538788 pressure=0.156863 size=0.200000)
Motion	手指移动: index=0 ID=0 x=121.710800 y=113.054199 pressure=0.239216 size=0.200000)
Motion	手指移动: index=1 ID=1 x=291.812622 y=255.538788 pressure=0.180392 size=0.200000)
Motion	手指移动: index=0 ID=0 x=121.710800 y=113.054199 pressure=0.172549 size=0.150000)
Motion	手指移动: index=1 ID=1 x=291.812622 y=255.538788 pressure=0.180392 size=0.150000)
Motion	手指移动: index=0 ID=0 x=121.710800 y=113.054199 pressure=0.172549 size=0.150000)
Motion	手指移动: index=1 ID=1 x=291.812622 y=255.538788 pressure=0.152941 size=0.150000)

图 7-4　先后按下两个手指

从图 7-4 中可以清晰地看到监听到的两个手指按下的事件。现在提起第一个手指再提起第二个手指，显示如图 7-5 所示信息。

Tag	Text
Motion	第一个手指按下: index=0 ID=0 x=121.7108 y=113.0542 pressure=0.14509805 size=0.1
Motion	手指移动: index=0 ID=0 x=121.710800 y=113.054199 pressure=0.188235 size=0.150000)
Motion	手指移动: index=0 ID=0 x=121.710800 y=113.054199 pressure=0.215686 size=0.200000)
Motion	手指移动: index=0 ID=0 x=121.710800 y=113.054199 pressure=0.239216 size=0.200000)
Motion	手指按下: index=1 ID=1 x=291.81262 y=255.53879 pressure=0.1254902 size=0.1
Motion	手指移动: index=0 ID=0 x=121.710800 y=113.054199 pressure=0.239216 size=0.200000)
Motion	手指移动: index=1 ID=1 x=291.812622 y=255.538788 pressure=0.156863 size=0.200000)
Motion	手指移动: index=0 ID=0 x=121.710800 y=113.054199 pressure=0.239216 size=0.200000)
Motion	手指移动: index=1 ID=1 x=291.812622 y=255.538788 pressure=0.180392 size=0.200000)
Motion	手指移动: index=0 ID=0 x=121.710800 y=113.054199 pressure=0.172549 size=0.150000)
Motion	手指移动: index=1 ID=1 x=291.812622 y=255.538788 pressure=0.180392 size=0.150000)
Motion	手指移动: index=0 ID=0 x=121.710800 y=113.054199 pressure=0.172549 size=0.150000)
Motion	手指移动: index=1 ID=1 x=291.812622 y=255.538788 pressure=0.152941 size=0.150000)
Motion	手指提起: index=0 ID=0 x=121.7108 y=113.0542 pressure=0.17254902 size=0.15
Motion	最后一个手指提起: index=0 ID=1 x=291.81262 y=255.53879 pressure=0.15294118 size=0.15

图 7-5　提起第一个手指再提起第二个手指

综上所述，程序能正确监听到手指的触屏事件，你还可以放更多的手指到屏幕上做移动、提起等动作，以加深对触屏事件的理解。现在我们看看程序是如何处理触屏事件的。

新建一个名为 Ex07MotionMatrix01 的工程。修改 res/layout/activity_main.xml 文件，使其只包含一个 LinearLayout，修改后的文件内容如下：

```
<LinearLayout xmlns:android="http://schemas.android.com/apk/res/android"
    android:id="@+id/id_linear_layout"
```

```
    android:layout_width="match_parent"
    android:layout_height="match_parent"
    android:orientation="vertical">

</LinearLayout>
```

现在修改 MainActivity.java 文件，在 onCreate 回调函数中获取 LinearLayout 的引用，并设置该 LinearLayout 监听触屏事件。MainActivity.java 文件修改后的内容如下：

```
package com.ttt.ex07motionmatrix01;

import java.util.Locale;

import android.support.v7.App.AppCompatActivity;
import android.os.Bundle;
import android.util.Log;
import android.view.MotionEvent;
import android.view.View;
import android.view.View.OnTouchListener;
import android.widget.LinearLayout;

public class MainActivity extends AppCompatActivity implements OnTouchListener {

    @Override
    protected void onCreate(Bundle savedInstanceState) {
        super.onCreate(savedInstanceState);
        setContentView(R.layout.activity_main);

        LinearLayout ll = (LinearLayout)this.findViewById(R.id.id_linear_layout);
        ll.setOnTouchListener(this);
    }

    @Override
    public boolean onTouch(View v, MotionEvent event) {
        v.performClick();

        int actionType = event.getActionMasked();
        int index = event.getActionIndex();
        switch(actionType) {
            case MotionEvent.ACTION_DOWN:
                  Log.i("Motion", "第一个手指按下: " +
                          " index=" + index +
                          " ID=" + event.getPointerId(index) +
                          " x=" + event.getX(index) + " y=" + event.getY(index) +
                          " pressure=" + event.getPressure(index) +
                          " size=" + event.getSize(index));
                  return true;

            case MotionEvent.ACTION_MOVE:
                  handleMove(event);
                  return true;

            case MotionEvent.ACTION_UP:
```

```
            Log.i("Motion", "最后一个手指提起: " +
                    " index=" + index +
                    " ID=" + event.getPointerId(index) +
                    " x=" + event.getX(index) + " y=" + event.getY(index) +
                    " pressure=" + event.getPressure(index) +
                    " size=" + event.getSize(index));
            return true;

        case MotionEvent.ACTION_POINTER_DOWN:
            Log.i("Motion", "手指按下: " +
                    " index=" + index +
                    " ID=" + event.getPointerId(index) +
                    " x=" + event.getX(index) + " y=" + event.getY(index) +
                    " pressure=" + event.getPressure(index) +
                    " size=" + event.getSize(index));
            return true;

        case MotionEvent.ACTION_POINTER_UP:
            Log.i("Motion", "手指提起: " +
                    " index=" + index +
                    " ID=" + event.getPointerId(index) +
                    " x=" + event.getX(index) + " y=" + event.getY(index) +
                    " pressure=" + event.getPressure(index) +
                    " size=" + event.getSize(index));
            return true;
    }

    return false;
}

private void handleMove(MotionEvent ev) {
    final int historySize = ev.getHistorySize();
    final int pointerCount = ev.getPointerCount();

    String m1 = "";
    for (int h = 0; h < historySize; h++) {
        for (int p = 0; p < pointerCount; p++) {
            m1 = String.format(Locale.CHINA,
                    "手指移动: index=%d ID=%d x=%f y=%f pressure=%f size=%f)",
                    p, ev.getPointerId(p), ev.getHistoricalX(p, h), ev.getHistoricalY(p, h),
                    ev.getHistoricalPressure(p, h), ev.getHistoricalSize(h));
            Log.i("Motion", m1);
        }
    }

    for (int p = 0; p < pointerCount; p++) {
        m1 = String.format(Locale.CHINA,
                    "手指移动: index=%d ID=%d x=%f y=%f pressure=%f size=%f)",
                    p, ev.getPointerId(p), ev.getX(p), ev.getY(p),
                    ev.getPressure(p), ev.getSize());
        Log.i("Motion", m1);
```

```
        }
    }

}
```

先在 onCreate 回调函数中获取 LinearLayout 的引用，并设置该 LinearLayout 监听触屏事件，关键的代码在 OnTouchListener 接口的 onTouch 函数中。

在 onTouch 函数中，我们先调用 MotionEvent 的 getActionMasked 方法获取触屏事件类型，调用 getActionIndex 方法获取指针索引，然后根据事件类型进行适当的处理。对于 ACTION_DOWN、ACTION_UP、ACTION_POINTER_DOWN、ACTION_POINTER_UP 事件，只输出事件的相关信息。对于 ACTION_MOVE 事件，在 handleMove 函数中对其进行处理：

```
    private void handleMove(MotionEvent ev) {
        final int historySize = ev.getHistorySize();
        final int pointerCount = ev.getPointerCount();

        String m1 = "";
        for (int h = 0; h < historySize; h++) {
            for (int p = 0; p < pointerCount; p++) {
                    m1 = String.format(Locale.CHINA,
                            "手指移动： index=%d ID=%d x=%f y=%f pressure=%f size=%f)",
                            p, ev.getPointerId(p), ev.getHistoricalX(p, h), ev.getHistoricalY(p, h),
                            ev.getHistoricalPressure(p, h), ev.getHistoricalSize(h));
                    Log.i("Motion", m1);
            }
        }

        for (int p = 0; p < pointerCount; p++) {
            m1 = String.format(Locale.CHINA,
                            "手指移动： index=%d ID=%d x=%f y=%f pressure=%f size=%f)",
                            p, ev.getPointerId(p), ev.getX(p), ev.getY(p),
                            ev.getPressure(p), ev.getSize());
            Log.i("Motion", m1);
        }
    }
```

由于可能存在将一个指针的多次移动或多个指针的移动打包成一个 ACTION_MOVE 事件的情况，所以在 handleMove 函数中，我们先调用 MotionEvent 的 getHistorySize 函数获取当前 ACTION_MOVE 事件包含的事件数，调用 MotionEvent 的 getPointerCount 获取按下的指针数。然后，获取每个历史事件的相关信息，包括指针索引、指针 ID、指针所在位置的 x 和 y 坐标、指针按下的力度、指针触及的面积。之后，获取当前每个指针的相关信息。

onTouch 函数的返回值对触屏事件的后续处理有较大影响：如果返回值为 true，则表示该事件已经被组件处理，不需要再将这个事件分发给其他组件；如果返回值为 false，则表示组件未处理这个事件，Android 事件框架应该继续将该事件分发给需要的组件。

运行这个程序，即可得到类似图 7-2 所示结果。

7.3　本章同步练习一

将 7.2 节的例子加载到你的开发环境中并运行，按下手指、移动手指、提起手指、多个手指按下、多个手指移动、多个手指提起，观察 LogCat 输出的信息，以加深对触屏事件的理解。

7.4　通过触屏事件滑动组件

本小节我们将自定义一个组件，该组件在水平方向上要显示的内容大于屏幕的可用显示空间，我们通过滑动组件来显示未显示出来的内容。通过触屏滑动组件例子的运行首界面如图 7-6 所示，通过手指滑动组件即可显示被遮盖的内容。

图 7-6　通过触屏滑动组件例子的运行首界面

通过手指滑动组件（在模拟器上用鼠标滑动组件），显示如图 7-7 所示界面。

图 7-7　滑动界面

你可以继续滑动，甚至可以将组件滑动到屏幕外，如图 7-8 所示。

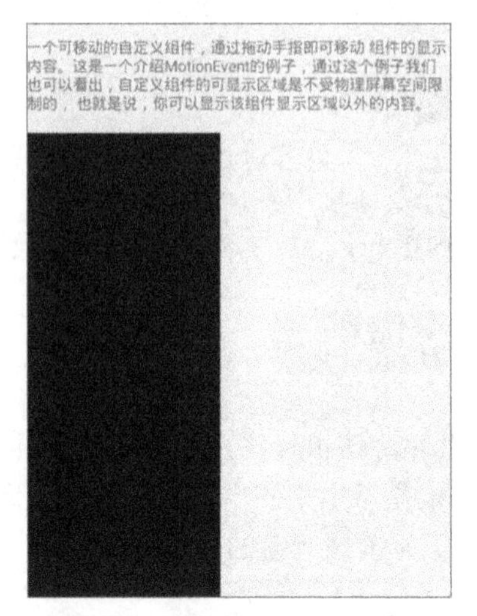

图 7-8　将组件滑动到屏幕处

通过这个例子我们可以看出，自定义组件的可显示区域是不受物理屏幕空间限制的，也就是说，你可以显示该组件大小区域以外的画布内容，也可以通过程序的控制逻辑限制组件被滑动到组件显示内容之外。

现在看看程序代码，新建一个名为 Ex07MotionMatrix02 的 Android 的工程。

先创建自定义组件，为此，在 src 目录下的 com.ttt.ex07motionmatrix02 包下新建一个名为 LargeView 的 Java 类，这是一个自定义组件，其代码如下：

```
package com.ttt.ex07motionmatrix02;

import android.annotation.SuppressLint;
import android.content.Context;
import android.graphics.Canvas;
import android.graphics.Color;
import android.graphics.Paint;
import android.util.AttributeSet;
import android.view.MotionEvent;
import android.view.View;

public class LargeView extends View {
    private Paint paint;

    @SuppressWarnings("unused")
    private float x, y;

    public LargeView(Context context) {
        super(context);
        init();
    }

    public LargeView(Context context, AttributeSet attrs) {
        super(context, attrs);
        init();
    }

    private final void init() {
```

```
        paint = new Paint();
        paint.setAntiAlias(true);
    }

    @Override
    protected void onMeasure(int widthMeasureSpec, int heightMeasureSpec) {
        int width = measureWidth(widthMeasureSpec);
        int height = measureHeight(heightMeasureSpec);
        setMeasuredDimension(width, height);
    }

    private int measureWidth(int measureSpec) {
        int result = 0;
        int specMode = MeasureSpec.getMode(measureSpec);
        int specSize = MeasureSpec.getSize(measureSpec);

        if ((specMode == MeasureSpec.EXACTLY) ||
            (specMode == MeasureSpec.AT_MOST)) {
           result = 3*specSize;
        } else {
           result = 3*this.getResources().getDisplayMetrics().widthPixels;
        }

        return result;
    }

    private int measureHeight(int measureSpec) {
        int result = 0;
        int specMode = MeasureSpec.getMode(measureSpec);
        int specSize = MeasureSpec.getSize(measureSpec);

        if ((specMode == MeasureSpec.EXACTLY) ||
            (specMode == MeasureSpec.AT_MOST)) {
           result = specSize;
        } else {
           result = 256;
        }

        return result;
    }

    protected void onDraw(Canvas canvas) {
        super.onDraw(canvas);

        paint.setColor(Color.RED);
        canvas.drawRect(0, 0, this.getWidth()/3, this.getHeight(), paint);
        paint.setColor(Color.GREEN);
        canvas.drawRect(this.getWidth()/3, 0, this.getWidth()/3*2, this.getHeight(),
paint);
        paint.setColor(Color.BLUE);
        canvas.drawRect(this.getWidth()/3*2, 0, this.getWidth(), this.getHeight(), paint);
    }
```

```
    @SuppressLint("ClickableViewAccessibility")
    @Override
    public boolean onTouchEvent (MotionEvent event) {
        int actionType = event.getActionMasked();
        int index = event.getActionIndex();
        switch(actionType) {
            case MotionEvent.ACTION_DOWN:
                  x = event.getX(index);
                  y = event.getY(index);
                  return true;

            case MotionEvent.ACTION_MOVE:
                  handleMove(event);
                  return true;

            case MotionEvent.ACTION_UP:
                  return true;
        }

        return false;
    }

    private void handleMove(MotionEvent ev) {
         final int historySize = ev.getHistorySize();
         final int pointerCount = ev.getPointerCount();

         float tx = 0, ty = 0;
         for (int h = 0; h < historySize; h++) {
             for (int p = 0; p < pointerCount; p++) {
                  tx = ev.getHistoricalX(p, h);
                  ty = ev.getHistoricalY(p, h);
                  this.scrollBy((int)(x-tx), 0);

                  x = tx; y = ty;
             }
         }

             for (int p = 0; p < pointerCount; p++) {
                  tx = ev.getX(p);
                  ty = ev.getY(p);
                  this.scrollBy((int)(x-tx), 0);
                  x = tx; y = ty;
         }
     }
}
```

对于自定义组件，Android 的组件框架将调用 onMeasure 函数来测量该组件的大小。我们设置该组件的大小在水平方向为其父容器为其指定的显示空间的 3 倍，高度恰好为其父容器为其指定的大小。之后，在绘制组件的消失内容时，我们只是在其内容区域绘制了 3 个矩形区域，颜色分别为红、绿、蓝，并且各个区域在水平方向上的大小正好是组件宽度的 1/3，高度恰好与组件高度相同。

我们现在看看这个组件是如何处理触屏事件的。我们通过重写组件的 onTouch 函数来处理触屏事件。在 onTouch 函数中，我们先判断触屏事件的类型，并根据事件类型做不同的处理，代码如下：

```
@SuppressLint("ClickableViewAccessibility")
@Override
public boolean onTouchEvent (MotionEvent event) {
    int actionType = event.getActionMasked();
    int index = event.getActionIndex();
    switch(actionType) {
        case MotionEvent.ACTION_DOWN:
              x = event.getX(index);
              y = event.getY(index);
              return true;

        case MotionEvent.ACTION_MOVE:
              handleMove(event);
              return true;

        case MotionEvent.ACTION_UP:
              return true;
    }

    return false;
}
```

上述代码实现了当用户按下手指时记录触点的坐标。

当手指在触屏上移动时，采用 handleMove 函数对移动动作进行处理，其代码如下：

```
private void handleMove(MotionEvent ev) {
    final int historySize = ev.getHistorySize();
    final int pointerCount = ev.getPointerCount();

    float tx = 0, ty = 0;
    for (int h = 0; h < historySize; h++) {
        for (int p = 0; p < pointerCount; p++) {
              tx = ev.getHistoricalX(p, h);
              ty = ev.getHistoricalY(p, h);
              this.scrollBy((int)(x-tx), 0);

              x = tx; y = ty;
        }
    }

    for (int p = 0; p < pointerCount; p++) {
              tx = ev.getX(p);
              ty = ev.getY(p);
              this.scrollBy((int)(x-tx), 0);

              x = tx; y = ty;
    }
}
```

上述代码先对该移动事件中打包的移动动作进行了处理，获取了每个移动点的坐标，然后通过调用 scrollBy 方法使组件在水平方向上做适当移动。

自定义组件编写完后，修改主界面布局文件 res/layout/activity_main.xml 文件下的内容，修改后的内容如下：

```
<LinearLayout xmlns:android="http://schemas.android.com/apk/res/android"
    android:layout_width="match_parent"
    android:layout_height="match_parent"
    android:orientation="vertical">

    <TextView
        android:layout_width="match_parent"
        android:layout_height="wrap_content"
        android:text="@string/hello_world"
    />

    <com.ttt.ex07motionmatrix02.LargeView
        android:layout_width="wrap_content"
        android:layout_height="wrap_content"
    />

</LinearLayout>
```

上述代码表示在布局中显示一个文本组件和自定义的 LargeView 组件。其中，在文本组件中显示的文字定义在 res/values/strings.xml 文件中，其内容如下：

```
<?xml version="1.0" encoding="utf-8"?>
<resources>

    <string name="App_name">Ex07MotionMatrix02</string>
    <string name="hello_world">\n 一个可移动的自定义组件，通过拖动手指即可移动
            组件的显示内容。这是一个介绍 MotionEvent 的例子，通过这个例子我们
            也可以看出，自定义组件的可显示区域是不受物理屏幕空间限制的，
            也就是说，你可以显示该组件显示区域以外的内容。\n</string>

</resources>
```

MainActivity.java 文件不需要做任何修改。现在运行该程序，即可显示如图 7-6 所示界面，并且可以通过触屏事件滑动组件。

7.5 本章同步练习二

修改 7.4 节中 LargeView 组件，使之在滑动时不可超过其显示区域。提示：使用 getScrollX 获取组件当前滚动的偏移，该值小于 0 则表示超出了左边界，该值大于某个值（请读者思考）则表示超出了右边界。

7.6 使用基于矩阵的图像变换

我们在布局中显示一个 ImageView 组件，在配置 ImageView 的 scaleType 属性时，有一个 matrix 类型的参数值，如图 7-9 所示。

*activity_main.xml

```
<LinearLayout xmlns:android="http://schemas.android.com/apk/res/android"
    xmlns:tools="http://schemas.android.com/tools"
    android:layout_width="match_parent"
    android:layout_height="match_parent"
    tools:context="com.ttt.ex14motionmatrix03.MainActivity"
    android:orientation="vertical">

    <ImageView
        android:id="@+id/id_image_view"
        android:layout_width="wrap_content"
        android:layout_height="wrap_content"
        android:src="@drawable/jpg005"
        android:scaleType="
    />

</LinearLayout>
```

matrix
fitXY
fitStart
fitCenter
fitEnd
center
centerCrop
centerInside

图 7-9　ImageView 的 matrix 缩放类型

matrix 缩放类型，即可以使用矩阵对该图像进行变换处理。那么矩阵到底是什么呢？数学上，矩阵可以用于表示二维表。例如，全班 40 个同学的 5 门功课的成绩，华为各款手机 2010—2019 年的售价等数据都可以使用二维矩阵表示。矩阵除了具有这些表示数据信息的功能，还是进行数据变换的有力工具。我们在此不对与矩阵有关的数学知识进行介绍，只介绍如何使用矩阵进行图像变换。

因为矩阵可以用于数据变换，而图像就是一些数据，所以，使用矩阵对图像数据进行变换也就顺理成章了。

Android 为了方便程序设计人员使用矩阵进行图像变换，专门设计了名为 Matrix 的 Java 类。需要注意的是，Android 的 Matrix 类只能是一个 3×3 的矩阵。用这个矩阵，可以方便地完成图像缩放、旋转、平移和扭曲的变换。

现在我们通过一个例子来看看如何使用 Matrix 类来完成图像的变换。我们将在 ImageView 中显示如图 7-10 所示图片。

图 7-10　将在 ImageView 中显示的图片

图 7-10 所示图片的尺寸为 820 像素×534 像素。基于矩阵的图像变换运行效果如图 7-11 所示。

图 7-11　基于矩阵的图像变换运行效果

点击“缩放 0.5 倍”按钮，将图片缩小为原图片的一半，如图 7-12 所示。

图 7-12　将图片缩小为原图片的一半

继续点击“缩放 0.5 倍”按钮后再点击“旋转 30 度”，如图 7-13 所示。

图 7-13　点击“缩放 0.5 倍”按钮后再点击“旋转 30 度”按钮

当然，还可以点击任意按钮任意次使图片进行任意变换。不仅如此，还可以通过触摸图片来完成移动和缩放。因为模拟器不支持多点触控，所以需要在手机上运行代码来完成此操作（在模拟器上可以通过鼠标来移动图片）。

现在看看程序代码。新建一个名为 Ex07MotionMatrix03 的 Android 工程。

先修改 res/layout/activity_main.xml 布局，使之包含一个 ImageView 和几个按钮，修改后的内容如下：

```
<LinearLayout xmlns:android="http://schemas.android.com/apk/res/android"
    android:layout_width="match_parent"
    android:layout_height="match_parent"
    android:orientation="vertical">

    <ImageView
        android:id="@+id/id_image_view"
        android:layout_width="match_parent"
        android:layout_height="0dp"
        android:layout_weight="9"
        android:src="@drawable/jpg005"
        android:scaleType="matrix"
        android:contentDescription="@string/hello_world"
    />

    <LinearLayout
        android:layout_width="wrap_content"
        android:layout_height="0dp"
        android:layout_weight="1"
        android:layout_gravity="center"
        android:orientation="horizontal"
    >

        <Button
            android:id="@+id/id_btn_x0point5"
            android:layout_width="wrap_content"
            android:layout_height="wrap_content"
            android:text="@string/text_btn_x0point5"
        />

        <Button
            android:id="@+id/id_btn_translate100x100"
            android:layout_width="wrap_content"
            android:layout_height="wrap_content"
            android:text="@string/text_btn_translate100x100"
        />

        <Button
            android:id="@+id/id_btn_rotate30"
            android:layout_width="wrap_content"
            android:layout_height="wrap_content"
            android:text="@string/text_btn_rotate30"
        />

        <Button
```

```
            android:id="@+id/id_btn_skew"
            android:layout_width="wrap_content"
            android:layout_height="wrap_content"
            android:text="@string/text_btn_skew"
        />

        <Button
            android:id="@+id/id_btn_reset"
            android:layout_width="wrap_content"
            android:layout_height="wrap_content"
            android:text="@string/text_btn_reset"
        />

    </LinearLayout>

</LinearLayout>
```

这个布局文件较简单，只是在一个 LinearLayout 中包含一个 ImageView 组件和几个按钮组件，按钮组件用于实现基于图像的变换。由于布局文件中包含了引用字符串的内容，需要修改 res/values/strings.xml 文件，使之包含字符串定义：

```
<?xml version="1.0" encoding="utf-8"?>
<resources>

    <string name="App_name">Ex07MotionMatrix03</string>
    <string name="hello_world">Hello world!</string>

    <string name="text_btn_x0point5">缩放 0.5 倍</string>
    <string name="text_btn_translate100x100">平移</string>
    <string name="text_btn_rotate30">旋转 30 度</string>
    <string name="text_btn_skew">扭曲</string>
    <string name="text_btn_reset">复原</string>

</resources>
```

最关键的内容是 MainActivity.java 文件下的程序，在该程序中，我们通过按钮和多点触摸执行基于矩阵的图像变换。修改后的 MainActivity.java 代码如下：

```
package com.ttt.ex07motionmatrix03;

import android.support.v7.App.AppCompatActivity;
import android.graphics.Matrix;
import android.os.Bundle;
import android.view.MotionEvent;
import android.view.View;
import android.view.View.OnClickListener;
import android.view.View.OnTouchListener;
import android.widget.Button;
import android.widget.ImageView;

public class MainActivity extends AppCompatActivity implements OnClickListener,
OnTouchListener{
    private ImageView iv;
    private Button btn_x0point5, btn_translate100x100, btn_rotate30, btn_skew, btn_reset;
```

```
private Matrix matrix;

private float old_x_1, old_y_1, old_x_2, old_y_2;

@Override
protected void onCreate(Bundle savedInstanceState) {
    super.onCreate(savedInstanceState);
    setContentView(R.layout.activity_main);

    iv = (ImageView)this.findViewById(R.id.id_image_view);
    iv.setOnTouchListener(this);

    btn_x0point5 = (Button)this.findViewById(R.id.id_btn_x0point5);
    btn_x0point5.setOnClickListener(this);
    btn_translate100x100 = (Button)this.findViewById(R.id.id_btn_translate100x100);
    btn_translate100x100.setOnClickListener(this);
    btn_rotate30 = (Button)this.findViewById(R.id.id_btn_rotate30);
    btn_rotate30.setOnClickListener(this);
    btn_skew = (Button)this.findViewById(R.id.id_btn_skew);
    btn_skew.setOnClickListener(this);
    btn_reset = (Button)this.findViewById(R.id.id_btn_reset);
    btn_reset.setOnClickListener(this);

    matrix = new Matrix();
    matrix.reset();
}

@Override
public void onClick(View v) {
    int id = v.getId();
    switch(id) {
        case R.id.id_btn_x0point5:
              matrix.postScale(0.5f, 0.5f);
              iv.setImageMatrix(matrix);
              break;

        case R.id.id_btn_translate100x100:
              matrix.postTranslate(-100, -100);
              iv.setImageMatrix(matrix);
              break;

        case R.id.id_btn_rotate30:
              matrix.postRotate(30, iv.getWidth()/2, iv.getHeight()/2);
              iv.setImageMatrix(matrix);
              break;

        case R.id.id_btn_skew:
              matrix.postSkew(1.2f, 1.3f);
              iv.setImageMatrix(matrix);
              break;

        case R.id.id_btn_reset:
```

```
                matrix.reset();
                iv.setImageMatrix(matrix);
                iv.scrollTo(0, 0);
                break;
        }
    }

    @Override
    public boolean onTouch(View v, MotionEvent event) {
        v.performClick();

        int actionType = event.getActionMasked();
        int index = event.getActionIndex();
        switch(actionType) {
            case MotionEvent.ACTION_DOWN:
                old_x_1 = event.getX(index);
                old_y_1 = event.getY(index);
                return true;

            case MotionEvent.ACTION_POINTER_DOWN:
                if (index > 1)
                    return false;    //我们只处理两点触摸
                old_x_2 = event.getX(index);
                old_y_2 = event.getY(index);
                return true;

            case MotionEvent.ACTION_MOVE:
                handleMove(event);
                return true;

            case MotionEvent.ACTION_POINTER_UP:
                if (index == 0) {
                    old_x_1 = old_x_2;
                    old_y_1 = old_y_2;
                }
                return true;

            case MotionEvent.ACTION_UP:
                return true;
        }

        return false;
    }

    private void handleMove(MotionEvent ev) {
        final int pointerCount = ev.getPointerCount();
        if (pointerCount == 1) {
            handleTranslate(ev);
        }
        else if (pointerCount == 2){
            handleScale(ev);
        }
    }
```

```
private void handleTranslate(MotionEvent ev) {
    final int historySize = ev.getHistorySize();
    float tx = 0, ty = 0;
    for (int h = 0; h < historySize; h++) {
        tx = ev.getHistoricalX(h);
        ty = ev.getHistoricalY(h);

        matrix.postTranslate(-(old_x_1-tx), -(old_y_1-ty));
        iv.setImageMatrix(matrix);
        //也可以使用如下这条语句替换上面两条语句，虽然功能相同，但是原理不一样
        //iv.scrollBy((int)(old_x_1-tx), (int)(old_y_1-ty));
        //setImageMatrix 是通过变换图像来完成移动的
        //scrollBy 则是通过移动坐标系来完成移动的

        old_x_1 = tx; old_y_1 = ty;
    }

    tx = ev.getX();
    ty = ev.getY();
    matrix.postTranslate(-(old_x_1-tx), -(old_y_1-ty));
    iv.setImageMatrix(matrix);
    //也可以使用如下这条语句替换上面两条语句，虽然功能相同，但是原理不一样
    //iv.scrollBy((int)(old_x_1-tx), (int)(old_y_1-ty));
    //setImageMatrix 是通过变换图像来完成移动的
    //scrollBy 则是通过移动坐标系来完成移动的
    old_x_1 = tx; old_y_1 = ty;
}

private void handleScale(MotionEvent ev) {
    final int historySize = ev.getHistorySize();

    float tx_1 = 0, ty_1 = 0, tx_2 = 0, ty_2 = 0;
    float center_x, center_y;
    float old_distance, new_distance;
    for (int h = 0; h < historySize; h++) {
        tx_1 = ev.getHistoricalX(0, h);
        ty_1 = ev.getHistoricalY(0, h);
        tx_2 = ev.getHistoricalX(1, h);
        ty_2 = ev.getHistoricalY(1, h);

        center_x = (old_x_1 + old_x_2)/2;
        center_y = (old_y_1 + old_y_2)/2;

        old_distance = distance(old_x_1, old_y_1, old_x_2, old_y_2);
        new_distance = distance(tx_1, ty_1, tx_2, ty_2);
        matrix.postScale(new_distance/old_distance, new_distance/old_distance,
                center_x, center_y);
        iv.setImageMatrix(matrix);

        old_x_1 = tx_1; old_y_1 = ty_1;
        old_x_2 = tx_2; old_y_2 = ty_2;
    }
```

```
        tx_1 = ev.getX(0);
        ty_1 = ev.getY(0);
        tx_2 = ev.getX(1);
        ty_2 = ev.getY(1);

        center_x = (old_x_1 + old_x_2)/2;
        center_y = (old_y_1 + old_y_2)/2;

        old_distance = distance(old_x_1, old_y_1, old_x_2, old_y_2);
        new_distance = distance(tx_1, ty_1, tx_2, ty_2);
        matrix.postScale(new_distance/old_distance, new_distance/old_distance,
                center_x, center_y);
        iv.setImageMatrix(matrix);

        old_x_1 = tx_1; old_y_1 = ty_1;
        old_x_2 = tx_2; old_y_2 = ty_2;
    }

    private float distance(float x1, float y1, float x2, float y2) {
       return (float)Math.sqrt((x1-x2)*(x1-x2) + (y1-y2)*(y1-y2));
    }
}
```

先看如下几个变量定义：

```
    private ImageView iv;
    private Button btn_x0point5, btn_translate100x100, btn_rotate30, btn_skew, btn_reset;

    private Matrix matrix;

    private float old_x_1, old_y_1, old_x_2, old_y_2;
```

其中，ImageView 和 Button 类型的变量就是布局中的几个组件；matrix 变量是执行矩阵变换所需要的矩阵；old_x_1 和 old_y_1 是触屏事件中第一个手指按下时的坐标点；old_x_2 和 old_y_2 是第二个手指按下时的坐标点。在 onCreate 回调函数中，我们获取了界面组件的引用，设置了相应的监听事件处理，同时通过 new Matrix()函数创建了一个矩阵对象，并对它进行了重置。

现在看看按钮点击处理事件函数 onClick，其代码如下：

```
    @Override
    public void onClick(View v) {
       int id = v.getId();
       switch(id) {
          case R.id.id_btn_x0point5:
                matrix.postScale(0.5f, 0.5f);
                iv.setImageMatrix(matrix);
                break;

          case R.id.id_btn_translate100x100:
                matrix.postTranslate(-100, -100);
                iv.setImageMatrix(matrix);
                break;
```

```
        case R.id.id_btn_rotate30:
            matrix.postRotate(30, iv.getWidth()/2, iv.getHeight()/2);
            iv.setImageMatrix(matrix);
            break;

        case R.id.id_btn_skew:
            matrix.postSkew(1.2f, 1.3f);
            iv.setImageMatrix(matrix);
            break;

        case R.id.id_btn_reset:
            matrix.reset();
            iv.setImageMatrix(matrix);
            iv.scrollTo(0, 0);
            break;
    }
}
```

在对缩放按钮的处理中，我们通过 Matrix 的 postScale(0.5f, 0.5f)函数在矩阵对象 matrix 现有值的后面（post 就是“在……之后”，也就是先执行矩阵里已有的变换，再执行 post 操作附加的变换；类似地，pre 就是“在……之前”，也就是先执行 pre 附加上的变换，再执行矩阵里已有的变换）附加一个进行缩放的矩阵：缩放比例为现有图像大小在 X 轴和 Y 轴上的一半。然后，通过 ImageView 的 setImageMatrix 使该矩阵变换立刻生效。此时，在 ImageView 中显示的图像在 X 轴和 Y 轴上都是原有图像的一半。类似地，对图像移动按钮，我们通过 postTranslate(-100, -100)函数使图像向左移动 100 像素并向上都移动 100 像素。旋转和扭曲的操作也是类似的，不再赘述。

该程序除了可以通过按钮实现对图像的变换，还可以通过触摸图像完成对图像的移动和缩放，其原因是我们在 onCreate 回调函数中设置了 ImageView 组件触屏事件的响应：

```
iv = (ImageView)this.findViewById(R.id.id_image_view);
iv.setOnTouchListener(this);
```

现在看看 onTouch 函数是如何响应触屏事件的。onTouch 函数的定义如下：

```
@Override
public boolean onTouch(View v, MotionEvent event) {
    v.performClick();

    int actionType = event.getActionMasked();
    int index = event.getActionIndex();
    switch(actionType) {
        case MotionEvent.ACTION_DOWN:
            old_x_1 = event.getX(index);
            old_y_1 = event.getY(index);
            return true;

        case MotionEvent.ACTION_POINTER_DOWN:
            if (index > 1)
                return false;    //我们只处理两点触摸
            old_x_2 = event.getX(index);
            old_y_2 = event.getY(index);
            return true;
```

```
        case MotionEvent.ACTION_MOVE:
            handleMove(event);
            return true;

        case MotionEvent.ACTION_POINTER_UP:
            if (index == 0) {
                old_x_1 = old_x_2;
                old_y_1 = old_y_2;
            }
            return true;

        case MotionEvent.ACTION_UP:
            return true;
    }

    return false;
}
```

由于 MotionEvent.ACTION_DOWN 事件是在第一个手指按下时触发的，所以我们只需记录按下点的坐标。由于 MotionEvent.ACTION_POINTER_DOWN 事件是在第二个及以后的手指按下时触发的，在第二个手指按下时我们记录按下点的坐标点，因为我们的程序最多处理两点触摸，所以对于第三个及以后的手指按下事件，只简单地返回 false，表示不处理更多的手指事件。对于 MotionEvent.ACTION_MOVE 事件，我们在一个专门的 handleMove 函数中对其进行处理，具体代码如下所示：

```
private void handleMove(MotionEvent ev) {
    final int pointerCount = ev.getPointerCount();
    if (pointerCount == 1) {
        handleTranslate(ev);
    }
    else if (pointerCount == 2){
        handleScale(ev);
    }
}
```

在 handleMove 函数中，我们分别对单手指移动和多手指移动进行处理：单手指只可能是移动操作；两个手指则是缩放操作。单手指的移动事件在 handleTranslate 函数中完成，handleTranslate 函数定义如下：

```
private void handleTranslate(MotionEvent ev) {
    final int historySize = ev.getHistorySize();
    float tx = 0, ty = 0;
    for (int h = 0; h < historySize; h++) {
        tx = ev.getHistoricalX(h);
        ty = ev.getHistoricalY(h);

        matrix.postTranslate(-(old_x_1-tx), -(old_y_1-ty));
        iv.setImageMatrix(matrix);
        //也可以使用如下这条语句替换上面两条语句，虽然功能相同，但是原理不一样
        //iv.scrollBy((int)(old_x_1-tx), (int)(old_y_1-ty));
        //setImageMatrix 是通过变换图像来完成移动的
        //scrollBy 则是通过移动坐标系来完成移动的
```

```
            old_x_1 = tx; old_y_1 = ty;
        }

        tx = ev.getX();
        ty = ev.getY();
        matrix.postTranslate(-(old_x_1-tx), -(old_y_1-ty));
        iv.setImageMatrix(matrix);
        //也可以使用如下这条语句替换上面两条语句，虽然功能相同，但是原理不一样
        //iv.scrollBy((int)(old_x_1-tx), (int)(old_y_1-ty));
        //setImageMatrix 是通过变换图像来完成移动的
        //scrollBy 则是通过移动坐标系来完成移动的
        old_x_1 = tx; old_y_1 = ty;
    }
```

handleMove 函数先获取移动事件中包含的历史事件的数量，并对每个历史事件进行相应的图像移动处理：获取当前点的坐标，将其与前一次点的坐标相减即可得到图像移动的距离，然后，使用 Matrix 的 postTranslate 方法完成图像移动操作，并通过新矩阵完成图像变换操作。通过代码注释可知，我们也可以使用 ImageView 的 scrollBy 函数完成图像的变换，但是 scrollBy 函数是通过移动坐标系来完成移动图像操作的。

类似地，对两个手指控制的缩放操作则是通过 handleScale 函数完成的，handleScale 函数的定义如下：

```
    private void handleScale(MotionEvent ev) {
        final int historySize = ev.getHistorySize();

        float tx_1 = 0, ty_1 = 0, tx_2 = 0, ty_2 = 0;
        float center_x, center_y;
        float old_distance, new_distance;
        for (int h = 0; h < historySize; h++) {
            tx_1 = ev.getHistoricalX(0, h);
            ty_1 = ev.getHistoricalY(0, h);
            tx_2 = ev.getHistoricalX(1, h);
            ty_2 = ev.getHistoricalY(1, h);

            center_x = (old_x_1 + old_x_2)/2;
            center_y = (old_y_1 + old_y_2)/2;

            old_distance = distance(old_x_1, old_y_1, old_x_2, old_y_2);
            new_distance = distance(tx_1, ty_1, tx_2, ty_2);
            matrix.postScale(new_distance/old_distance, new_distance/old_distance,
                    center_x, center_y);
            iv.setImageMatrix(matrix);

            old_x_1 = tx_1; old_y_1 = ty_1;
            old_x_2 = tx_2; old_y_2 = ty_2;
        }

        tx_1 = ev.getX(0);
        ty_1 = ev.getY(0);
        tx_2 = ev.getX(1);
        ty_2 = ev.getY(1);
```

```
        center_x = (old_x_1 + old_x_2)/2;
        center_y = (old_y_1 + old_y_2)/2;

        old_distance = distance(old_x_1, old_y_1, old_x_2, old_y_2);
        new_distance = distance(tx_1, ty_1, tx_2, ty_2);
        matrix.postScale(new_distance/old_distance, new_distance/old_distance,
                center_x, center_y);
        iv.setImageMatrix(matrix);

        old_x_1 = tx_1; old_y_1 = ty_1;
        old_x_2 = tx_2; old_y_2 = ty_2;
    }
```

局部变量如下：

```
    float tx_1 = 0, ty_1 = 0, tx_2 = 0, ty_2 = 0;
    float center_x, center_y;
    float old_distance, new_distance;
```

其中，tx_1、ty_1 和 tx_2、ty_2 分别表示两个手指的当前位置；center_x、center_y 分别表示两个手指的中间点位置；old_distance、new_distance 分别表示手指移动前后两个手指间的距离。然后，根据每个历史事件中的手指的位置、手指移动的距离，计算两个手指的中间点 center_x、center_y，并通过调用 postScale 函数以手指的中间点为中心来缩放图像。

到此，图像变换的程序编写就完成了，运行该程序，即可得到如图 7-11 所示界面，并可以通过触摸图像或点击按钮对图像进行变换。

7.7 本章同步练习三

在开发环境中运行 7.6 节的例子程序，并完善其功能，实现使用两个手指旋转图像。具体操作过程是，固定一个手指不动，旋转另一个手指，使图像随着旋转的手指而旋转。提示：为了完成这个功能，需要先判断用户的意图是缩放还是旋转。缩放主要是手指间距离的变化，旋转则主要是手指间角度的变化，因此，我们在 MotionEvent 的 ACTION_MPVE 事件中，需要先判断手指间的角度是否发生了明显的变化，若是则作为旋转操作；否则作为缩放操作。

第 8 章 使用网络

在互联网时代，没有一个 Android 应用程序是独立于网络之外的，因此，开发基于网络的应用无疑是必要的。本章将对在 Android 程序中如何使用网络进行介绍，具体内容包括使用 ConnectivityManager 管理网络状态、使用 HttpURLConnection 访问网络、使用 HttpClient 访问网络、使用 JSON 格式的数据与服务通信。

8.1 使用 ConnectivityManager 管理网络状态

在可以使用网络进行数据通信前，需要先获取网络的状态。例如，当前网络是否是连通的，连接方式是 Wi-Fi、GPRS 还是 UMTS。为了达到这些目的，我们需要使用 Android SDK 提供的 ConnectivityManager 类。为了获取 ConnectivityManager 类的对象，需要使用如下语句：

```
ConnectivityManager cm = (ConnectivityManager)
            Context.getSystemService(Context.CONNECTIVITY_SERVICE);
```

只要得到 ConnectivityManager 类的对象，我们就可以使用它提供的各种方法和属性来检查网络状态和监听网络状态的变化。ConnectivityManager 常用的方法有如下两种。

（1）public NetworkInfo getActiveNetworkInfo( )：获取当前活动的网络信息。如果当前没有网络是活动的，则返回 null。

（2）public NetworkInfo[] getAllNetworkInfo( )：获取系统支持的所有网络类型的信息。

如果要获取及监听网络状态的变化，应用程序需要在 AndroidManifest.xml 文件中申请 android.permission.ACCESS_NETWORK_STATE 权限。

下面我们举一个简单的例子来说明 ConnectivityManager 的使用。这个例子首先检查当前是否有活动的网络，如果有，则打印出这个活动网络的相关信息。检查当前活动网络的例子程序的运行结果，如图 8-1 所示。

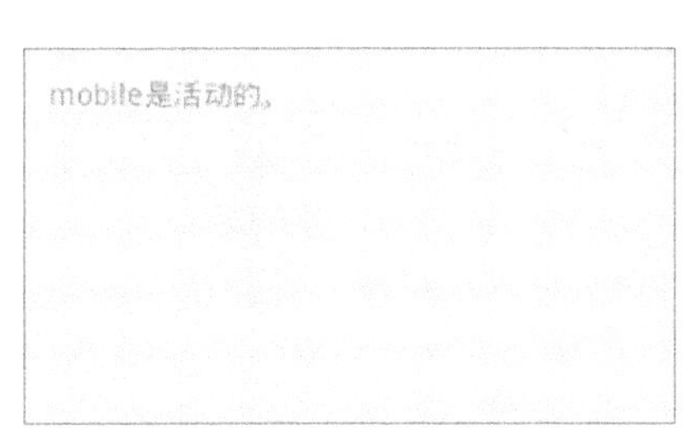

图 8-1　检查当前活动网络的例子程序的运行结果

程序是在模拟器上运行的，而模拟器的 mobile 数据网络是开启的，因此，程序在 TextView

中显示 mobile 数据网络是可用的。

下面来构建这个程序。新建一个名为 Ex08Network01 的 Android 工程。修改 res/layout/activity_main.xml 文件，为该文件中的 TextView 组件添加一个 id 属性，修改后的文件内容如下：

```
<RelativeLayout xmlns:android="http://schemas.android.com/apk/res/android"
    android:layout_width="match_parent"
    android:layout_height="match_parent">

    <TextView
        android:id="@+id/id_textview"
        android:layout_width="wrap_content"
        android:layout_height="wrap_content"
        android:text="@string/hello_world" />

</RelativeLayout>
```

再修改 MainActivity.java，修改后的代码如下：

```
package com.ttt.ex08network01;

import android.support.v7.App.AppCompatActivity;
import android.net.ConnectivityManager;
import android.net.NetworkInfo;
import android.os.Bundle;
import android.widget.TextView;

public class MainActivity extends AppCompatActivity {

    @Override
    protected void onCreate(Bundle savedInstanceState) {
        super.onCreate(savedInstanceState);
        setContentView(R.layout.activity_main);

        StringBuffer sb = new StringBuffer();

        ConnectivityManager cm = (ConnectivityManager)
                      this.getSystemService(MainActivity.CONNECTIVITY_SERVICE);
        NetworkInfo ni = cm.getActiveNetworkInfo();
        if (ni == null) {
            sb.Append("当前没有活动网络。");
        }
        else {
            if (ni.isConnected()){
                   sb.Append(ni.getTypeName()).Append("mobile 是活动的。");
            }
            else {
                   sb.Append(ni.getTypeName()).Append("不在服务区。");
            }
        }

        TextView tv = (TextView)this.findViewById(R.id.id_textview);
        tv.setText(sb.toString());
    }
```

```
}
```

在以上代码的 onCreate 回调函数中，我们完成了界面显示，获取了 ConnectivityManager 对象，并调用了 ConnectivityManager 的 getActiveNetworkInfo 获取当前活动网络的 NetworkInfo 对象。如果 getActiveNetworkInfo 函数返回 null，则表示当前没有活动的数据网络，否则表示当前有活动的数据网络，但是为了保证网络是可用的，即当前网络是可以进行数据通信的，进一步调用了该 NetworkInfo 的 isConnected 方法来判断当前网络是否可用，并输出相应信息。

当然，为了运行该程序，需要在 AndroidManifest.xml 文件中添加如下权限申请：

```
<uses-permission
        android:name="android.permission.ACCESS_NETWORK_STATE"/>
```

现在运行该程序，即可得到如图 8-1 所示界面结果。

8.2 使用 HttpURLConnection 访问网络

HttpURLConnection 无疑是最直接的与服务器进行基于 HTTP 通信的方式。使用 HttpURLConnection 与后台进行通信的一般编程过程如下：

（1）通过 URL.openConnection( )得到一个 HttpURLConnection 对象；

（2）设置 HTTP 请求头相关的参数；

（3）在使用 POST 方法的请求中，调用 setDoOutput(true)函数，并通过 getOutputStream 得到输出流，进而向该输出流输出数据；

（4）处理响应数据；

（5）调用 disconnect( )函数关闭连接。

HttpURLConnection 支持 HTTP 中规定的所有请求方式，基于上文介绍的编程过程，可以使用 GET、POST、HEAD、OPTION、DELETE、TRACE 方式向服务器发送请求。其中，最常用的是 GET 请求和 POST 请求，下文将对使用 GET 方法和 POST 方法发送请求并处理响应数据进行介绍。

为了仔细观察 Android 与服务器进行通信的过程，我们编写一个自己的服务器端程序，用 Servlet 处理来自 Android 的请求。该服务器端程序完成如下任务：接收来自的 HTTP 的 GET 和 POST 请求，并根据请求参数 type 和 id 向请求客户端发送指定的图片数据。具体就是，客户端程序通过 GET 或 POST 项服务器发送请求，其中 type 参数指明请求图片的类型，type=1 表示请求蝴蝶图片，type=2 表示请求卡通图片；id 参数指明请求图片的编号，id=1 或 id=2 表示不同类型的两张图片。该 Servlet 的代码如下：

```
package com.ttt.servlet;

import java.io.FileInputStream;
import java.io.IOException;

import javax.servlet.ServletException;
import javax.servlet.ServletOutputStream;
import javax.servlet.annotation.WebServlet;
import javax.servlet.http.HttpServlet;
import javax.servlet.http.HttpServletRequest;
```

```
import javax.servlet.http.HttpServletResponse;

@WebServlet("/ImageShower")
public class ImageShower extends HttpServlet {
    private static final long serialVersionUID = 1L;

    protected void doGet(HttpServletRequest request, HttpServletResponse response)
                                              throws ServletException, IOException {
        String type = request.getParameter("type");
        if ((type == null) || (type.equalsIgnoreCase(""))) {
            type = "1";
        }
        String id = request.getParameter("id");
        if ((id == null) || (id.equalsIgnoreCase(""))) {
            id = "1";
        }

        FileInputStream fis = new FileInputStream(
                this.getServletContext().getRealPath("") + "images/png" + type + id + ".png");
        byte[] b=new byte[fis.available()];
        fis.read(b);
        fis.close();

        response.setContentType("Application/octet-stream");
        ServletOutputStream op = response.getOutputStream();
        op.write(b);
        op.close();
    }

    protected void doPost(HttpServletRequest request, HttpServletResponse response)
                                              throws ServletException, IOException {
        doGet(request, response);
    }
}
```

将 4 张图片放置在 Web 应用的 images/pngxx.png 文件中，其中 xx 可以为 11、12、21、22，4 张图片，如图 8-2 所示。

图 8-2　4 张图片

现在我们在 Android 客户端使用 HttpURLConnection 来获取并显示图片。下文分别对采用 GET 方法和 POST 方法来获取图片进行介绍。

8.2.1　使用 HttpURLConnection 的 GET 方法获取图片

我们先用 HttpURLConnection 的 GET 方法来获取服务器上的图片，并将其显示在手机上。使用 GET 方法获取服务器图片的运行首界面，如图 8-3 所示。

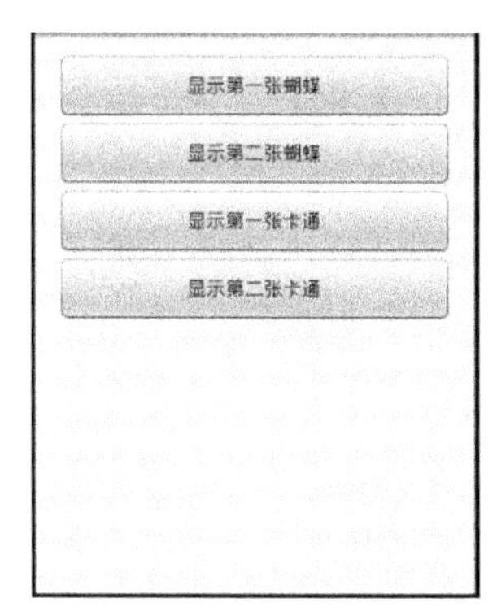

图 8-3 使用 GET 方法获取服务器图片的运行首界面

点击任意按钮，都将在屏幕下方显示相应图片。例如，点击“显示第一张卡通”按钮的运行界面如图 8-4 所示。

图 8-4 点击“显示第一张卡通”按钮的运行界面

现在来构建这个程序。新建一个名为 Ex08Network02 的 Android 工程。修改 res/layout/activity_main.xml 布局文件，该文件修改后的内容如下：

```
<LinearLayout xmlns:android="http://schemas.android.com/apk/res/android"
   android:layout_width="match_parent"
   android:layout_height="match_parent"
   android:orientation="vertical">

   <Button
      android:id="@+id/id_btn_1"
      android:layout_width="match_parent"
      android:layout_height="wrap_content"
      android:text="@string/text_btn_1" />

   <Button
      android:id="@+id/id_btn_2"
      android:layout_width="match_parent"
      android:layout_height="wrap_content"
      android:text="@string/text_btn_2" />

   <Button
      android:id="@+id/id_btn_3"
      android:layout_width="match_parent"
      android:layout_height="wrap_content"
```

```
        android:text="@string/text_btn_3" />

    <Button
        android:id="@+id/id_btn_4"
        android:layout_width="match_parent"
        android:layout_height="wrap_content"
        android:text="@string/text_btn_4" />

    <ImageView
        android:id="@+id/id_iv"
        android:layout_width="match_parent"
        android:layout_height="match_parent"
        android:scaleType="fitCenter"
        android:contentDescription="@string/hello_world"
    />

</LinearLayout>
```

这个布局文件很简单，只是显示几个按钮和一个 ImageView 而已。

然后修改 res/values/strings.xml 文件，在其中定义几个引用的字符串：

```
<?xml version="1.0" encoding="utf-8"?>
<resources>

    <string name="App_name">Ex08Network02</string>
    <string name="hello_world">Hello world!</string>

    <string name="text_btn_1">显示第一张蝴蝶</string>
    <string name="text_btn_2">显示第二张蝴蝶</string>
    <string name="text_btn_3">显示第一张卡通</string>
    <string name="text_btn_4">显示第二张卡通</string>

</resources>
```

现在修改 MainActivity.java 文件，修改后的文件内容如下：

```
package com.ttt.ex08network02;

import java.io.BufferedInputStream;
import java.io.ByteArrayOutputStream;
import java.io.IOException;
import java.net.HttpURLConnection;
import java.net.MalformedURLException;
import java.net.URL;

import android.support.v7.App.AppCompatActivity;
import android.graphics.Bitmap;
import android.graphics.BitmapFactory;
import android.net.ConnectivityManager;
import android.net.NetworkInfo;
import android.os.AsyncTask;
import android.os.Bundle;
import android.view.View;
import android.view.View.OnClickListener;
import android.widget.Button;
```

```
import android.widget.ImageView;
import android.widget.Toast;

public class MainActivity extends AppCompatActivity implements OnClickListener {
    private ImageView iv;

    @Override
    protected void onCreate(Bundle savedInstanceState) {
        super.onCreate(savedInstanceState);
        setContentView(R.layout.activity_main);

        iv = (ImageView) this.findViewById(R.id.id_iv);

        Button btn_1 = (Button) this.findViewById(R.id.id_btn_1);
        btn_1.setOnClickListener(this);
        Button btn_2 = (Button) this.findViewById(R.id.id_btn_2);
        btn_2.setOnClickListener(this);
        Button btn_3 = (Button) this.findViewById(R.id.id_btn_3);
        btn_3.setOnClickListener(this);
        Button btn_4 = (Button) this.findViewById(R.id.id_btn_4);
        btn_4.setOnClickListener(this);
    }

    @Override
    public void onClick(View v) {
        if (checkNetworkState() != true) {
            Toast.makeText(this, "网络没有打开，请打开网络后再试。",
                                                    Toast.LENGTH_LONG).show();
            return;
        }

        int id = v.getId();
        switch (id) {
        case R.id.id_btn_1:
            downLoadImageAndShow(1, 1);
            break;
        case R.id.id_btn_2:
            downLoadImageAndShow(1, 2);
            break;
        case R.id.id_btn_3:
            downLoadImageAndShow(2, 1);
            break;
        case R.id.id_btn_4:
            downLoadImageAndShow(2, 2);
            break;
        }
    }

    private boolean checkNetworkState() {
        ConnectivityManager cm = (ConnectivityManager) this
                .getSystemService(MainActivity.CONNECTIVITY_SERVICE);
        NetworkInfo ni = cm.getActiveNetworkInfo();
        if ((ni == null) || (ni.isConnected() == false)) {
```

```
            return false;
        }
        return true;
    }

    private void downLoadImageAndShow(int type, int id) {
        new MyAsyncTask().
                execute("http://172.18.171.253:8080/AImageShower/ImageShower?type=" +
                type + "&" + "id=" + id);
    }

    private class MyAsyncTask extends AsyncTask<String, Void, Bitmap> {
        @Override
        protected void onPreExecute() {
        }

        @Override
        protected void onProgressUpdate (Void... values) {
        }

        @Override
        protected void onPostExecute (Bitmap bm) {
            iv.setImageBitmap(bm);
        }

        @Override
        protected Bitmap doInBackground(String... params) {
            URL url;
            HttpURLConnection urlConnection = null;
            Bitmap bm = null;

            try {
                    url = new URL(params[0]);
                    urlConnection = (HttpURLConnection)url.openConnection();
                    urlConnection.setRequestMethod("GET");

                    urlConnection.connect();
                    if (urlConnection.getResponseCode() != HttpURLConnection.HTTP_OK) {
                        urlConnection.disconnect();
                        return null;
                    }

                    byte[] b = new byte[2048];
                    ByteArrayOutputStream baos = new ByteArrayOutputStream();

                    BufferedInputStream in = new
                                BufferedInputStream(urlConnection.getInputStream());
                    int len = 0;
                    while((len = in.read(b))>0) {
                        baos.write(b, 0, len);
                    }

                    bm = BitmapFactory.decodeByteArray(baos.toByteArray(), 0, baos.size());
```

```
                baos.close();
                in.close();

            }catch (MalformedURLException e) {
                return null;
            }catch (IOException e) {
                return null;
            }
            finally {
                urlConnection.disconnect();
            }
            return bm;
        }
    }
}
```

在以上代码的 onCreate 回调函数中，我们实现了主界面显示、获取了相关组件的引用，并设置了点击按钮的响应函数。在按钮点击的响应函数 onClick 中，我们先判断当前是否有可用的网络，若有则调用 downLoadImageAndShow 函数下载图片并将图片显示在 ImageView 组件中。

网络操作需要在独立的线程中进行，因此，在 downLoadImageAndShow 函数中，创建一个 AsyncTask 的子类 MyAsyncTask 类的对象来完成网络操作。在 MyAsyncTask 类的 doInBackGround 函数中，我们先定义一个指向服务器端 Servlet 的 URL 对象，打开这个网络连接并得到 HttpURLConnection 对象，然后将请求方式设置为 GET 请求，并检查服务器端程序是否正确处理了 Android 端的请求，若是则接收从服务器端 Servlet 发来的图片二进制流，通过 BitmapFactory 将其编码为 Bitmap 对象，然后将图片返回 PostExcute 函数，进而将图片显示在 ImageView 中。

为了运行该程序，我们还需要对网络进行相应的授权申请，为此，修改 AndroidManifest.xml 文件，在其中添加如下代码：

```
<uses-permission android:name="android.permission.ACCESS_NETWORK_STATE"/>
<uses-permission android:name="android.permission.INTERNET"/>
```

现在运行该程序，即可得到预期效果。

8.2.2 使用 HttpURLConnection 的 POST 方法获取图片

现在我们演示如何使用 HttpURLConnection 的 POST 方法从服务器上获取图片，程序的运行效果不变。我们只需要修改 downLoadImageAndShow 函数，使之使用 POST 方法来获取图片数据即可。修改后的 downLoadImageAndShow 函数如下：

```
private void downLoadImageAndShow(int type, int id) {
    new MyAsyncTask(type,id).
        execute("http://172.18.171.253:8080/AImageShower/ImageShower");
}

private class MyAsyncTask extends AsyncTask<String, Void, Bitmap> {
    private int type, id;

    public MyAsyncTask(int type, int id) {
        this.type = type;
```

```
        this.id = id;
    }

    @Override
    protected void onPreExecute() {
    }

    @Override
    protected void onProgressUpdate (Void... values) {
    }

    @Override
    protected void onPostExecute (Bitmap bm) {
        iv.setImageBitmap(bm);
    }

    @Override
    protected Bitmap doInBackground(String... params) {
        URL url;
        HttpURLConnection urlConnection = null;
        Bitmap bm = null;

        try {
            url = new URL(params[0]);
            urlConnection = (HttpURLConnection)url.openConnection();

            urlConnection.setRequestMethod("POST");
            urlConnection.setDoInput(true);
            urlConnection.setDoOutput(true);

            urlConnection.setUseCaches(false);
            urlConnection.setInstanceFollowRedirects(true);
            urlConnection.setChunkedStreamingMode(0);
            urlConnection.setRequestProperty("Content-Type",
                                "Application/x-www-form-urlencoded");

            urlConnection.connect();
            DataOutputStream out = new
                    DataOutputStream(urlConnection.getOutputStream());

            String content = "type=" + URLEncoder.encode("" + type, "UTF-8") +
                            "&id=" + URLEncoder.encode("" + id, "UTF-8");
            out.writeBytes(content);
            out.flush();
            out.close();

            if (urlConnection.getResponseCode() != HttpURLConnection.HTTP_OK) {
                urlConnection.disconnect();
                return null;
            }

            byte[] b = new byte[2048];
            ByteArrayOutputStream baos = new ByteArrayOutputStream();
```

```
            BufferedInputStream in = new
                        BufferedInputStream(urlConnection.getInputStream());
            int len = 0;
            while((len = in.read(b))>0) {
                baos.write(b, 0, len);
            }

            bm = BitmapFactory.decodeByteArray(baos.toByteArray(), 0, baos.size());
            baos.close();
            in.close();
        }catch (MalformedURLException e) {
            return null;
        }catch (IOException e) {
            return null;
        }
        finally {
            urlConnection.disconnect();
        }
        return bm;
    }
}
```

与采用 GET 方法不同的关键点在于：

```
            urlConnection.setRequestMethod("POST");
```

该语句表示将访问方法设置为 POST。

如下两句代码是必须存在的，这两句代码用于告诉 HttpURLConnection 对象我们将采用 HTTP 请求的 body 来发送请求数据：

```
            urlConnection.setDoInput(true);
            urlConnection.setDoOutput(true);
```

为了加快数据传输的速度，采用如下语句将每个数据块的大小设置为默认数据块大小：

```
            urlConnection.setChunkedStreamingMode(0);
```

如下语句表示我们将采用表单形式向服务器端程序发送请求数据：

```
            urlConnection.setRequestProperty("Content-Type",
                                    "Application/x-www-form-urlencoded");
```

下述代码表示获取一个连接到服务器的数据流，并向服务器端程序发送请求数据，注意，对于数据体部分我们采用了 UTF-8 编码表示方案。其他代码与 GET 方法类似，不再赘述：

```
            urlConnection.connect();
            DataOutputStream out = new
                        DataOutputStream(urlConnection.getOutputStream());

            String content = "type=" + URLEncoder.encode("" + type, "UTF-8") +
                                "&id=" + URLEncoder.encode("" + id, "UTF-8");
            out.writeBytes(content);
            out.flush();
            out.close();
```

运行修改后的程序，将得到预期效果。

现在我们还需要回答一个问题：既然既可以使用 GET 方法处理网络通信也可以使用 POST 方法处理网络通信，那么在什么情况下使用 GET 方法及在什么情况下使用 POST 方法呢？当使用GET方法进行网络请求时，请求参数附加在URL地址的后面，这种方式简单但是不安全，且参数长度受2048字节限制；而使用POST方法进行网络请求，请求参数是放置在请求体中的，安全且不受请求参数长度限制。使用何种方法，根据具体情况选择即可。

8.3 本章同步练习一

仿照8.2节的例子，使用基于Java的多线程机制，即Thread机制，完成与8.2节的例子程序类似的功能。要求：在程序界面中可以选择使用GET方法或POST方法获取图片。

8.4 使用OkHttp访问网络

Apache的HttpClient是非常庞大且复杂的，因此，从Android 5.1开始，Google的Android开发团队不再将Apache HttpClient纳入Android SDK，为了使用HTTP，可以使用上一节介绍的HttpURLConnection类或使用第三方开源的HTTP包，在此，我们使用成熟好用的OkHttp。

8.4.1 使用OkHttp的一般过程

为了使用OkHttp，你需要从OkHttp官网http://square.github.io/okhttp/下载最新OkHttp包和Okio包，将它们放置到工程的App/libs目录下，逐一右击各个包并在弹出的菜单中选择“Add as Library”。做好了这些准备工作后，就可以使用OkHttp了，基本过程如下。

（1）创建OkHttpClient对象，代码如下：

```
private final OkHttpClient client = new OkHttpClient();
```

（2）创建HTTP请求，代码如下：

```
Request request = new Request.Builder()
                .url("http://publicobject.com/helloworld.txt")
                .build();
```

（3）将请求发送到服务器端，代码如下：

```
Response response = client.newCall(request).execute();
```

（4）处理从服务器端返回的结果，代码如下：

```
if (!response.isSuccessful()) throw new IOException("Unexpected code " + response);
Headers responseHeaders = response.headers();
 for (int i = 0; i < responseHeaders.size(); i++) {
    System.out.println(responseHeaders.name(i) + ": " + responseHeaders.value(i));
 }
System.out.println(response.body().string());
```

在（3）和（4）中，我们使用同步方式发送请求和接收响应，也可以使用异步方式来发送请求和处理响应。因此，（3）和（4）可替换为：

（3′）异步发送请求和接收响应。

```
 client.newCall(request).enqueue(new Callback() {
     @Override public void onFailure(Request request, Throwable throwable) {
        throwable.printStackTrace();
     }

     @Override public void onResponse(Response response) throws IOException {
```

```
        if (!response.isSuccessful()) throw new IOException("Unexpected code " +
                                                              response);
        Headers responseHeaders = response.headers();
        for (int i = 0; i < responseHeaders.size(); i++) {
            System.out.println(responseHeaders.name(i) + ": " +
                                              responseHeaders.value(i));
        }
        System.out.println(response.body().string());
    }
});
```

8.4.2 使用 GET 方法进行服务请求

8.4.1 小节介绍的方式其实就是使用 GET 方法进行 HTTP 请求。

8.4.3 使用 POST 方法进行服务请求

POST 请求可以将普通字符串、文件、表单等多种格式的请求数据发送到服务器端程序，并且这些请求数据都被打包到请求体中，所以相比于 GET 请求，POST 请求更安全、更灵活。

1. POST 方法提交 String

以下是一个 POST 同步请求方式代码。POST 请求的重点在参数的传递方式，也就是代码的.post()方法。.post()方法中的参数是要传递到后台服务器的参数，是一个 RequestBody 类型的参数。其他的代码同 GET 请求代码基本一致。

```
public static final MediaType MEDIA_TYPE_MARKDOWN
                       = MediaType.parse("text/x-markdown; charset=utf-8");
private final OkHttpClient client = new OkHttpClient();

public void postString() throws Exception {
    String postBody = ""
            + "Releases\n"
            + "--------\n"
            + "\n"
            + " * _1.0_ May 6, 2013\n"
            + " * _1.1_ June 15, 2013\n"
            + " * _1.2_ August 11, 2013\n";

    Request request = new Request.Builder()
                .url("https://api.github.com/markdown/raw")
                .post(RequestBody.create(MEDIA_TYPE_MARKDOWN,
                                    postBody))
                .build();
    Response response = client.newCall(request).execute();
    if (!response.isSuccessful()) throw new IOException("Unexpected code " + response);
    System.out.println(response.body().string());
}
```

2. POST 方法提交文件

以下是一个通过 POST 提交文件的代码。代码中的.post()方法的参数是要传递到后台服务器的文件对象。其他的代码同 GET 请求的代码一致。

```
public static final MediaType MEDIA_TYPE_MARKDOWN
                    = MediaType.parse("text/x-markdown; charset=utf-8");
```

```
private final OkHttpClient client = new OkHttpClient();

public void postFile() throws Exception {
    File file = new File("README.md");
    Request request = new Request.Builder()
                        .url("https://api.github.com/markdown/raw")
                        .post(RequestBody.create(MEDIA_TYPE_MARKDOWN, file))
                        .build();
    Response response = client.newCall(request).execute();
    if (!response.isSuccessful()) throw new IOException("Unexpected code " + response);
    System.out.println(response.body().string());
}
```

3. POST 方法提交简单表单

使用 FormBody 来构建和 HTML<form>标签相同效果的请求体，键值对将用一种 HTML 兼容形式的 URL 编码来进行编码。构建表单对象的代码如下所示：

```
private final OkHttpClient client = new OkHttpClient();

public void postForm() throws Exception {
    RequestBody formBody = new FormBody.Builder()
                            .add("search", "Jurassic Park")
                            .build();
    Request request = new Request.Builder()
                            .url("https://en.wikipedia.org/w/index.php")
                            .post(formBody)
                            .build();
    Response response = client.newCall(request).execute();
    if (!response.isSuccessful()) throw new IOException("Unexpected code " + response);
    System.out.println(response.body().string());
}
```

4. POST 方法提交分块（Multipart）表单

MultipartBody.Builder 可以构建复杂的请求体，与 HTML 文件上传形式兼容，多块请求体的每块请求都是一个请求体，可以定义自己的请求头。这些请求头可以用来描述这块请求，如 Content-Disposition。如果 Content-Length 和 Content-Type 可用，那么它们会被自动添加到请求头中。构建 Multipart 表单代码如下所示：

```
private static final String IMGUR_CLIENT_ID = "...";
private static final MediaType MEDIA_TYPE_PNG = MediaType.parse("image/png");
private final OkHttpClient client = new OkHttpClient();

public void postMultiPartForm() throws Exception {
    RequestBody requestBody = new MultipartBody.Builder()
                                .setType(MultipartBody.FORM)
                                .addFormDataPart("title", "Square Logo")
                                .addFormDataPart("image", "logo-square.png",
                                    RequestBody.create(MEDIA_TYPE_PNG,
                                     new File("website/static/logo-square.png")))
                                .build();
    Request request = new Request.Builder()
                        .header("Authorization", "Client-ID " + IMGUR_CLIENT_ID)
                        .url("https://api.imgur.com/3/image")
```

```
                        .post(requestBody)
                        .build();
    Response response = client.newCall(request).execute();
    if (!response.isSuccessful()) throw new IOException("Unexpected code " + response);
    System.out.println(response.body().string());
}
```

8.4.4 设置请求头及提取响应头

典型的 HTTP 请求头是一个 Map<String, String>：每个字段都有一个值或没有值，也有一些请求头允许有多个值。

当写请求头的时候，使用 header(name, value)即可设置唯一的 name-value 对。如果已经有值，旧的值将被移除，然后再添加新的值。addHeader(name, value)函数可以添加多值。

当读取响应头时，使用 header(name)返回最后出现的 name-value 对，一般情况下，这是唯一的 name-value 对。如果没有值，那么 header(name)将返回 null；如果想读取字段对应的所有值，则使用 headers(name)，该指令将返回一个 list。Headers 类支持按 index 遍历访问。以下是获取部分请求头信息的代码：

```
private final OkHttpClient client = new OkHttpClient();
public void headerExample() throws Exception {
    Request request = new Request.Builder()
                    .url("https://api.github.com/repos/square/okhttp/issues")
                    .header("User-Agent", "OkHttp Headers.java")
                    .addHeader("Accept", "Application/json; q=0.5")
                    .addHeader("Accept", "Application/vnd.github.v3+json")
                    .build();
    Response response = client.newCall(request).execute();
    if (!response.isSuccessful()) throw new IOException("Unexpected code " + response);
    System.out.println("Server: " + response.header("Server"));
    System.out.println("Date: " + response.header("Date"));
    System.out.println("Vary: " + response.headers("Vary"));
}
```

8.4.5 配置 OkHttp 超时

在请求没有响应时使用超时结束 call 函数。请求没有响应的原因可能是客户点击链接问题、服务器可用性问题或者其他问题。OkHttp 支持连接超时、读取超时和写入超时。OkHttp 的超时对应 HttpURLConnection 的超时性质。以下代码用于配置超时间属性：

```
private final OkHttpClient client;

public ConfigureTimeouts() throws Exception {
    client = new OkHttpClient.Builder()
            .connectTimeout(10, TimeUnit.SECONDS)
            .writeTimeout(10, TimeUnit.SECONDS)
            .readTimeout(30, TimeUnit.SECONDS)
            .build();
}

public void run() throws Exception {
    Request request = new Request.Builder().url("http://httpbin.org/delay/2").build();
    Response response = client.newCall(request).execute();
```

```
        System.out.println("Response completed: " + response);
    }
```

8.5 图片获取示例的 OkHttp GET 实现

下面我们通过一个具体的例子来解释如何使用 OkHttp 的 GET 方法（即 HTTP 的 GET 方法请求）来与服务器端程序进行 HTTP 通信。继续使用 8.2 节点击按钮显示相应图片的例子。程序运行效果与图 8-4 完全一样。

现在我们来构建这个程序。新建一个名为 Ex08Network03 的工程。修改 res/layout/activity_main.xml 文件，修改后的文件内容如下：

```
<?xml version="1.0" encoding="utf-8"?>
<LinearLayout xmlns:android="http://schemas.android.com/apk/res/android"
    android:id="@+id/content_main"
    android:layout_width="match_parent"
    android:layout_height="match_parent"
    android:orientation="vertical">

    <Button
        android:id="@+id/id_btn_1"
        android:layout_width="match_parent"
        android:layout_height="wrap_content"
        android:text="@string/text_btn_1" />

    <Button
        android:id="@+id/id_btn_2"
        android:layout_width="match_parent"
        android:layout_height="wrap_content"
        android:text="@string/text_btn_2" />

    <Button
        android:id="@+id/id_btn_3"
        android:layout_width="match_parent"
        android:layout_height="wrap_content"
        android:text="@string/text_btn_3" />

    <Button
        android:id="@+id/id_btn_4"
        android:layout_width="match_parent"
        android:layout_height="wrap_content"
        android:text="@string/text_btn_4" />

    <ImageView
        android:id="@+id/id_iv"
        android:layout_width="match_parent"
        android:layout_height="match_parent"
        android:scaleType="fitCenter"
        android:contentDescription="@string/hello_world"
        />

</LinearLayout>
```

这个布局文件很简单，只是显示了几个按钮和一个 ImageView 而已。然后修改 res/values/strings.xml 文件，在其中定义几个引用的字符串，代码如下：

```
<?xml version="1.0" encoding="utf-8"?>
<resources>

    <string name="App_name">Ex08Network03</string>
    <string name="hello_world">Hello world!</string>

    <string name="text_btn_1">显示第一张蝴蝶</string>
    <string name="text_btn_2">显示第二张蝴蝶</string>
    <string name="text_btn_3">显示第一张卡通</string>
    <string name="text_btn_4">显示第二张卡通</string>

</resources>
```

修改 MainActivity.java 文件，使之显示主界面、处理对按钮的点击，并根据点击的按钮通过 OkHttp 的 GET 方法从服务器端程序获取相应的图片并将其显示在 ImageView 组件中，修改后的文件内容如下：

```
package com.ttt.ex08network03;

import android.graphics.Bitmap;
import android.graphics.BitmapFactory;
import android.net.ConnectivityManager;
import android.net.NetworkInfo;
import android.os.Bundle;
import android.os.Handler;
import android.support.design.widget.FloatingActionButton;
import android.support.design.widget.Snackbar;
import android.support.v7.App.AppCompatActivity;
import android.support.v7.widget.Toolbar;
import android.view.View;
import android.widget.Button;
import android.widget.ImageView;
import android.widget.Toast;

import java.io.IOException;

import okhttp3.OkHttpClient;
import okhttp3.Request;
import okhttp3.Response;

public class MainActivity extends AppCompatActivity implements View.OnClickListener {
    private ImageView iv;
    private Bitmap bm;
    private Handler handler;

    @Override
    protected void onCreate(Bundle savedInstanceState) {
        super.onCreate(savedInstanceState);
        setContentView(R.layout.activity_main);
        Toolbar toolbar = (Toolbar) findViewById(R.id.toolbar);
        setSupportActionBar(toolbar);
```

```
    FloatingActionButton fab = (FloatingActionButton) findViewById(R.id.fab);
    fab.setOnClickListener(new View.OnClickListener() {
        @Override
        public void onClick(View view) {
            Snackbar.make(view, "Replace with your own action",
                    Snackbar.LENGTH_LONG)
                    .setAction("Action", null).show();
        }
    });

    bm = null;
    handler = new Handler();

    iv = (ImageView) this.findViewById(R.id.id_iv);

    Button btn_1 = (Button) this.findViewById(R.id.id_btn_1);
    btn_1.setOnClickListener(this);
    Button btn_2 = (Button) this.findViewById(R.id.id_btn_2);
    btn_2.setOnClickListener(this);
    Button btn_3 = (Button) this.findViewById(R.id.id_btn_3);
    btn_3.setOnClickListener(this);
    Button btn_4 = (Button) this.findViewById(R.id.id_btn_4);
    btn_4.setOnClickListener(this);
}

private boolean checkNetworkState() {
    ConnectivityManager cm = (ConnectivityManager) this
          .getSystemService(MainActivity.CONNECTIVITY_SERVICE);
    NetworkInfo ni = cm.getActiveNetworkInfo();
    if ((ni == null) || (!ni.isConnected())) {
        return false;
    }
    return true;
}

@Override
public void onClick(View v) {
    if (!checkNetworkState()) {
        Toast.makeText(this, "网络没有打开，请打开网络后再试。",
              Toast.LENGTH_LONG).show();
        return;
    }

    int id = v.getId();

    switch(id) {
        case R.id.id_btn_1:
            downloadImageAndShow(1, 1);
            break;
        case R.id.id_btn_2:
            downloadImageAndShow(1, 2);
            break;
```

```
            case R.id.id_btn_3:
                downloadImageAndShow(2, 1);
                break;
            case R.id.id_btn_4:
                downloadImageAndShow(2, 2);
                break;
        }
    }

    private void downloadImageAndShow(final int type, final int id) {
        new Thread(new Runnable() {
            @Override
            public void run() {
                OkHttpClient client = new OkHttpClient();

                Request request = new Request.Builder()
                        .url("http://192.168.233.131:8080/ForAndroid/ImageShower?"+
                                "type=" + type + "&id=" + id)
                        .build();

                Response response;
                try {
                    response = client.newCall(request).execute();
                } catch (IOException e) {
                    e.printStackTrace();
                    return;
                }
                if (!response.isSuccessful()) {
                    return;
                }

                byte[] b = null;
                try {
                    b = response.body().bytes();
                } catch (IOException e) {
                    e.printStackTrace();
                    return;
                }
                bm = BitmapFactory.decodeByteArray(b, 0, b.length);
                handler.post(new Runnable(){
                    @Override
                    public void run() {
                        iv.setImageBitmap(bm);
                    }
                });
            }
        }).start();
    }
}
```

在 onClick 函数中，根据点击的按钮，调用 downloadImageAndShow 函数来获取并显示相应的图片。在 downloadImageAndShow 函数中，使用 Java 的 Thread 线程机制来创建获取图片的线程。在运行程序之前，需要在 AndroidManifest.xml 文件中对网络相关的调用进行授权，其代码如下：

```
<uses-permission android:name="android.permission.ACCESS_NETWORK_STATE"/>
<uses-permission android:name="android.permission.INTERNET"/>
```

运行该程序，即可得到类似图 8-4 所示结果。

8.6 图片获取示例的 OkHttp POST 实现

与 GET 方法将请求参数放置在 URL 地址中不同的是，OkHttp 的 POST 方法将发送给服务器端程序的请求参数放置在请求数据体中。理论上，采用 POST 方法可以将任何格式的数据发送给服务器端程序。

下面我们通过一个具体的例子来说明如何使用 OkHttp 的 POST 方法（也就是 HTTP 的 POST 方法请求）与服务器端程序进行 HTTP 通信。继续使用 8.2 节点击按钮显示相应图片的例子。程序运行效果与图 8-4 完全一样。

现在我们来构建这个程序。新建一个名为 Ex08Network04 的 Android 工程。修改 res/layout/activity_main.xml 文件，修改后的文件内容如下：

```
<LinearLayout xmlns:android="http://schemas.android.com/apk/res/android"
    android:layout_width="match_parent"
    android:layout_height="match_parent"
    android:orientation="vertical">

    <Button
        android:id="@+id/id_btn_1"
        android:layout_width="match_parent"
        android:layout_height="wrap_content"
        android:text="@string/text_btn_1" />

    <Button
        android:id="@+id/id_btn_2"
        android:layout_width="match_parent"
        android:layout_height="wrap_content"
        android:text="@string/text_btn_2" />

    <Button
        android:id="@+id/id_btn_3"
        android:layout_width="match_parent"
        android:layout_height="wrap_content"
        android:text="@string/text_btn_3" />

    <Button
        android:id="@+id/id_btn_4"
        android:layout_width="match_parent"
        android:layout_height="wrap_content"
        android:text="@string/text_btn_4" />

    <ImageView
        android:id="@+id/id_iv"
        android:layout_width="match_parent"
```

```
        android:layout_height="match_parent"
        android:scaleType="fitCenter"
        android:contentDescription="@string/hello_world"
    />

</LinearLayout>
```

这个布局文件很简单，只是显示了几个按钮和一个 ImageView 而已。然后修改 res/values/strings.xml 文件，在其中定义几个引用的字符串：

```
<?xml version="1.0" encoding="utf-8"?>
<resources>

    <string name="App_name">Ex08Network04</string>
    <string name="hello_world">Hello world!</string>

    <string name="text_btn_1">显示第一张蝴蝶</string>
    <string name="text_btn_2">显示第二张蝴蝶</string>
    <string name="text_btn_3">显示第一张卡通</string>
    <string name="text_btn_4">显示第二张卡通</string>

</resources>
```

修改 MainActivity.java 文件，使之显示主界面、处理对按钮的点击，并根据点击的按钮通过 HttpClient 的 GET 方法从服务器端程序获取相应的图片并将其显示在 ImageView 组件中，修改后的文件内容如下：

```
package com.ttt.ex08network04;

import android.graphics.Bitmap;
import android.graphics.BitmapFactory;
import android.net.ConnectivityManager;
import android.net.NetworkInfo;
import android.os.Bundle;
import android.os.Handler;
import android.support.design.widget.FloatingActionButton;
import android.support.design.widget.Snackbar;
import android.support.v7.App.AppCompatActivity;
import android.support.v7.widget.Toolbar;
import android.view.View;
import android.widget.Button;
import android.widget.ImageView;
import android.widget.Toast;

import java.io.IOException;

import okhttp3.Call;
import okhttp3.Callback;
import okhttp3.FormBody;
import okhttp3.Headers;
import okhttp3.MediaType;
import okhttp3.OkHttpClient;
import okhttp3.Request;
import okhttp3.RequestBody;
```

```
import okhttp3.Response;

public class MainActivity extends AppCompatActivity implements View.OnClickListener {
    private ImageView iv;
    private Bitmap bm;
    private Handler handler;

    @Override
    protected void onCreate(Bundle savedInstanceState) {
        super.onCreate(savedInstanceState);
        setContentView(R.layout.activity_main);
        Toolbar toolbar = (Toolbar) findViewById(R.id.toolbar);
        setSupportActionBar(toolbar);

        FloatingActionButton fab = (FloatingActionButton) findViewById(R.id.fab);
        fab.setOnClickListener(new View.OnClickListener() {
            @Override
            public void onClick(View view) {
                Snackbar.make(view, "Replace with your own action",
                        Snackbar.LENGTH_LONG)
                        .setAction("Action", null).show();
            }
        });

        bm = null;
        handler = new Handler();

        iv = (ImageView) this.findViewById(R.id.id_iv);

        Button btn_1 = (Button) this.findViewById(R.id.id_btn_1);
        btn_1.setOnClickListener(this);
        Button btn_2 = (Button) this.findViewById(R.id.id_btn_2);
        btn_2.setOnClickListener(this);
        Button btn_3 = (Button) this.findViewById(R.id.id_btn_3);
        btn_3.setOnClickListener(this);
        Button btn_4 = (Button) this.findViewById(R.id.id_btn_4);
        btn_4.setOnClickListener(this);
    }

    private boolean checkNetworkState() {
        ConnectivityManager cm = (ConnectivityManager) this
                .getSystemService(MainActivity.CONNECTIVITY_SERVICE);
        NetworkInfo ni = cm.getActiveNetworkInfo();
        if ((ni == null) || (!ni.isConnected())) {
            return false;
        }

        return true;
    }

    @Override
    public void onClick(View v) {
        if (!checkNetworkState()) {
```

```
        Toast.makeText(this, "网络没有打开，请打开网络后再试。",
                Toast.LENGTH_LONG).show();
        return;
    }

    int id = v.getId();

    switch(id) {
        case R.id.id_btn_1:
            downloadImageAndShow(1, 1);
            break;
        case R.id.id_btn_2:
            downloadImageAndShow(1, 2);
            break;
        case R.id.id_btn_3:
            downloadImageAndShow(2, 1);
            break;
        case R.id.id_btn_4:
            downloadImageAndShow(2, 2);
            break;
    }
}

private void downloadImageAndShow(final int type, final int id) {
    new Thread(new Runnable() {
        @Override
        public void run() {
            OkHttpClient client = new OkHttpClient();
            RequestBody formBody = new FormBody.Builder()
                    .add("type", "" + type)
                    .add("id", "" + id)
                    .build();
            Request request = new Request.Builder()
                    .url("http://192.168.233.131:8080/ForAndroid/ImageShower")
                    .post(formBody)
                    .build();

            Response response;
            client.newCall(request).enqueue(new Callback() {
                @Override
                public void onFailure(Call call, IOException e) {
                    e.printStackTrace();
                }

                @Override
                public void onResponse(Call call, Response response)
                                                    throws IOException {
                    if (!response.isSuccessful()) {
                        return;
                    }

                    byte[] b = null;
                    try {
```

```
                        b = response.body().bytes();
                    } catch (IOException e) {
                        e.printStackTrace();
                        return;
                    }
                    bm = BitmapFactory.decodeByteArray(b, 0, b.length);
                    handler.post(new Runnable() {
                        @Override
                        public void run() {
                            iv.setImageBitmap(bm);
                        }
                    });
                }
            });
        }
    }).start();
  }
}
```

在 onClick 函数中，根据点击的按钮，调用 downloadImageAndShow 函数来获取并显示相应的图片。在 downloadImageAndShow 函数中，使用 Java 的 Thread 线程机制来创建获取图片的线程。这段代码使用 OkHttp 的异步机制获取图片。

在运行程序之前，需要在 AndroidManifest.xml 文件中对网络相关的调用进行授权，其代码如下：

```
<uses-permission android:name="android.permission.ACCESS_NETWORK_STATE"/>
<uses-permission android:name="android.permission.INTERNET"/>
```

现在运行该程序，即可得到类似图 8-4 所示的结果。

8.7 本章同步练习二

通过 HttpClient 并使用 GET 方法从任意一个公共网站，如 www.baidu.com，请求一个页面，并将得到的 HTML 页面显示在 WebView 组件中。

8.8 使用 Multipart 传递请求数据到服务器端程序

Multipart Form 可以将包含文件流的请求数据传递到服务器端。例如，在一个注册程序中，需要将包括头像在内的注册信息传递到服务器端程序时，则需要使用 Multipart 请求体。

下面我们通过一个例子来介绍如何使用 Multipart 格式从 Android 程序向服务器端程序传递 Multipart 数据体格式的请求数据，例子的运行效果与图 8-4 完全一样，只是实现方式不同。为了演示 Multipart 的数据请求，我们在请求数据包中附加了一个简单的图片文件，服务器端程序收到这个图片后将其保存在/images 目录下，图片文件名为 photo.png。为此，需要在服务器端创建一个也支持 Multipart 格式请求数据的 Servlet，我们将这个 Servlet 命名为 ImageShowerMultipart，其代码如下：

```
package com.ttt.servlet;

import java.io.ByteArrayOutputStream;
```

```
import java.io.FileInputStream;
import java.io.FileOutputStream;
import java.io.IOException;
import java.io.InputStream;

import javax.servlet.ServletException;
import javax.servlet.ServletOutputStream;
import javax.servlet.annotation.MultipartConfig;
import javax.servlet.annotation.WebServlet;
import javax.servlet.http.HttpServlet;
import javax.servlet.http.HttpServletRequest;
import javax.servlet.http.HttpServletResponse;
import javax.servlet.http.Part;

import org.apache.tomcat.util.http.fileupload.servlet.ServletFileUpload;

@WebServlet("/ImageShowerMultipart")
@MultipartConfig
public class ImageShowerMultipart extends HttpServlet {
    private static final long serialVersionUID = 1L;

    protected void doGet(HttpServletRequest request, HttpServletResponse response)
                                            throws ServletException, IOException {
        request.setCharacterEncoding("utf-8");

        String type = request.getParameter("type");
        if ((type == null) || (type.equalsIgnoreCase(""))) {
            type = "1";
        }
        String id = request.getParameter("id");
        if ((id == null) || (id.equalsIgnoreCase(""))) {
            id = "1";
        }

        FileInputStream fis = new FileInputStream(this.getServletContext().getRealPath("") +
                                            "images/png" + type + id + ".png");
        byte[] b=new byte[fis.available()];
        fis.read(b);
        fis.close();

        response.setContentType("image/png");
        ServletOutputStream op = response.getOutputStream();
        op.write(b);
        op.close();
    }

    protected void doPost(HttpServletRequest request, HttpServletResponse response)
                                            throws ServletException, IOException {
        request.setCharacterEncoding("utf-8");

        if (ServletFileUpload.isMultipartContent(request)) {
            Part part = request.getPart("image");
            InputStream is = part.getInputStream();
```

```
            ByteArrayOutputStream baos = new ByteArrayOutputStream();

            byte[] b = new byte[1024];
            while(is.read(b)>0) {
                  baos.write(b);
            }

            b = baos.toByteArray();

            FileOutputStream fos = new
                        FileOutputStream(this.getServletContext().getRealPath("") +
                                          "images/photo.png");
            fos.write(b);
            fos.close();
        }
        doGet(request, response);
    }
}
```

为了处理 Multipart 格式的请求数据，我们为这个 Servlet 加上了@MultipartConfig 标注，并在 doPost 函数中判断该数据是否为 Multipart 格式的请求数据，若是，则从请求数据包中获取数据流并将数据流保存在这个 Web 工程的 images/photo.png 文件中。

现在编写客户端 Android 代码。新建一个名为 Ex08Network05 的 Android 工程。修改 res/layout/activity_main.xml 文件，修改后的文件内容如下：

```
<LinearLayout xmlns:android="http://schemas.android.com/apk/res/android"
   android:layout_width="match_parent"
   android:layout_height="match_parent"
   android:orientation="vertical"

   <Button
      android:id="@+id/id_btn_1"
      android:layout_width="match_parent"
      android:layout_height="wrap_content"
      android:text="@string/text_btn_1" />

   <Button
      android:id="@+id/id_btn_2"
      android:layout_width="match_parent"
      android:layout_height="wrap_content"
      android:text="@string/text_btn_2" />

   <Button
      android:id="@+id/id_btn_3"
      android:layout_width="match_parent"
      android:layout_height="wrap_content"
      android:text="@string/text_btn_3" />

   <Button
      android:id="@+id/id_btn_4"
      android:layout_width="match_parent"
      android:layout_height="wrap_content"
```

```
        android:text="@string/text_btn_4" />

    <ImageView
        android:id="@+id/id_iv"
        android:layout_width="match_parent"
        android:layout_height="match_parent"
        android:scaleType="fitCenter"
        android:contentDescription="@string/hello_world"
    />

</LinearLayout>
```

再修改 res/values/strings.xml 文件，在其中定义几个引用的字符串：

```
<?xml version="1.0" encoding="utf-8"?>
<resources>

    <string name="App_name">Ex08Network05</string>
    <string name="hello_world">Hello world!</string>

    <string name="text_btn_1">显示第一张蝴蝶</string>
    <string name="text_btn_2">显示第二张蝴蝶</string>
    <string name="text_btn_3">显示第一张卡通</string>
    <string name="text_btn_4">显示第二张卡通</string>

</resources>
```

然后修改 MainActivity.java 文件，修改后的文件内容如下：

```
package com.ttt.ex08network05;

import android.graphics.Bitmap;
import android.graphics.BitmapFactory;
import android.net.ConnectivityManager;
import android.net.NetworkInfo;
import android.os.Bundle;
import android.os.Environment;
import android.os.Handler;
import android.support.design.widget.FloatingActionButton;
import android.support.design.widget.Snackbar;
import android.support.v7.App.AppCompatActivity;
import android.support.v7.widget.Toolbar;
import android.view.View;
import android.widget.Button;
import android.widget.ImageView;
import android.widget.Toast;

import java.io.File;
import java.io.IOException;

import okhttp3.Call;
import okhttp3.Callback;
import okhttp3.MediaType;
import okhttp3.MultipartBody;
import okhttp3.OkHttpClient;
```

```
import okhttp3.Request;
import okhttp3.RequestBody;
import okhttp3.Response;

public class MainActivity extends AppCompatActivity implements View.OnClickListener {
    private ImageView iv;
    private Bitmap bm;
    private Handler handler;

    @Override
    protected void onCreate(Bundle savedInstanceState) {
        super.onCreate(savedInstanceState);
        setContentView(R.layout.activity_main);
        Toolbar toolbar = (Toolbar) findViewById(R.id.toolbar);
        setSupportActionBar(toolbar);

        FloatingActionButton fab = (FloatingActionButton) findViewById(R.id.fab);
        fab.setOnClickListener(new View.OnClickListener() {
            @Override
            public void onClick(View view) {
                Snackbar.make(view, "Replace with your own action", Snackbar.LENGTH_LONG)
                        .setAction("Action", null).show();
            }
        });

        bm = null;
        handler = new Handler();

        iv = (ImageView) this.findViewById(R.id.id_iv);

        Button btn_1 = (Button) this.findViewById(R.id.id_btn_1);
        btn_1.setOnClickListener(this);
        Button btn_2 = (Button) this.findViewById(R.id.id_btn_2);
        btn_2.setOnClickListener(this);
        Button btn_3 = (Button) this.findViewById(R.id.id_btn_3);
        btn_3.setOnClickListener(this);
        Button btn_4 = (Button) this.findViewById(R.id.id_btn_4);
        btn_4.setOnClickListener(this);
    }

    private boolean checkNetworkState() {
        ConnectivityManager cm = (ConnectivityManager) this
                .getSystemService(MainActivity.CONNECTIVITY_SERVICE);
        NetworkInfo ni = cm.getActiveNetworkInfo();
        if ((ni == null) || (!ni.isConnected())) {
            return false;
        }

        return true;
    }

    @Override
    public void onClick(View v) {
```

```
    if (!checkNetworkState()) {
        Toast.makeText(this, "网络没有打开，请打开网络后再试。",
                Toast.LENGTH_LONG).show();
        return;
    }

    int id = v.getId();

    switch(id) {
        case R.id.id_btn_1:
            downloadImageAndShow(1, 1);
            break;
        case R.id.id_btn_2:
            downloadImageAndShow(1, 2);
            break;
        case R.id.id_btn_3:
            downloadImageAndShow(2, 1);
            break;
        case R.id.id_btn_4:
            downloadImageAndShow(2, 2);
            break;
    }
}

private void downloadImageAndShow(final int type, final int id) {
    new Thread(new Runnable() {
        @Override
        public void run() {
            OkHttpClient client = new OkHttpClient();

            MediaType MEDIA_TYPE_PNG = MediaType.parse("image/png");
            RequestBody requestBody = new MultipartBody.Builder()
                    .setType(MultipartBody.FORM)
                    .addFormDataPart("type", ""+type)
                    .addFormDataPart("id", ""+id)
                    .addFormDataPart("image", "png-001.png",
                            RequestBody.create(MEDIA_TYPE_PNG,
                            new File(Environment.getExternalStorageDirectory() +
                                    "/png-0001.png")))
                    .build();

            Request request = new Request.Builder()
                    .url("http://192.168.233.131:8080/" + "ForAndroid/
ImageShowerMultipart")
                    .post(requestBody)
                    .build();

            client.newCall(request).enqueue(new Callback() {
                @Override
                public void onFailure(Call call, IOException e) {
                    e.printStackTrace();
                }
```

```
                @Override
                public void onResponse(Call call, Response response)
                                                    throws IOException {
                    if (!response.isSuccessful()) {
                        return;
                    }

                    byte[] b = null;
                    try {
                        b = response.body().bytes();
                    } catch (IOException e) {
                        e.printStackTrace();
                        return;
                    }
                    bm = BitmapFactory.decodeByteArray(b, 0, b.length);
                    handler.post(new Runnable() {
                        @Override
                        public void run() {
                            iv.setImageBitmap(bm);
                        }
                    });
                }
            });
        }
    }).start();
  }
}
```

与 Ex08Network04 程序不同的是，上述代码采用 Multipart 来封装请求数据，代码如下：

```
        RequestBody requestBody = new MultipartBody.Builder()
                .setType(MultipartBody.FORM)
                .addFormDataPart("type", ""+type)
                .addFormDataPart("id", ""+id)
                .addFormDataPart("image", "png-001.png",
                        RequestBody.create(MEDIA_TYPE_PNG,
                        new File(Environment.getExternalStorageDirectory() +
                                "/png-0001.png")))
                .build();
```

在 Multipart 中，我们放置了三个请求参数，包括类型为字符串、名字为 type 的 String，类型为字符串、名字为 id 的 String，以及一个文件。

在该程序运行前，我们还需要修改 AndroidManifest.xml 文件，在其中申请网络相关权限，代码如下：

```
<uses-permission android:name="android.permission.ACCESS_NETWORK_STATE"/>
<uses-permission android:name="android.permission.INTERNET"/>
```

运行该程序，即可得到类似图 8-4 所示的结果。同时，观察服务器端，在 Web 的工作目录下将产生一个用于存储 Android 端发来的图片文件。

8.9 本章同步练习三

编写一个使用 OkHttp 进行网络信息注册的简单的程序，包括客户端程序和服务器端程序，注册的信息包括姓名、出生日期、密码、电话号码和头像。你可以使用任何自己熟悉的方式发送数据，但是由于请求数据中包含有头像，只能使用 POST 请求发送数据。

8.10 使用 JSON 格式的数据与服务器端通信

8.10.1 JSON 基础

当前，JSON 作为一种数据交换的标准格式被广泛用于数据表示中。什么是 JSON？如何使用 JSON 表示数据？本节将对此做出解答。

JSON，即 JavaScript Object Notation，是一种轻量级的数据交换格式，它用“名/值”对表示数据。JSON 支持两种结构，一种是以大括号（{ }）表示的对象数据，另一种是以中括号（[ ]）表示的数组数据。用这两种基础格式的组合可以表示任何复杂的数据，这也是 JSON 具有完美表示数据的能力的原因。例如，为了表示某人的基本信息，可以使用如下 JSON 格式数据：

```
{
    "name": "Geoge Bush",
    "age": 20,
    "memo": "乔治毕业于哈佛大学，获取计算机科学博士学位……",
    "phone": "13800138000"
}
```

这段数据表示的信息是非常清楚的：这个人的名字为"Geoge Bush"，年龄为 20 岁，简介为"乔治毕业于哈佛大学，获取计算机科学博士学位……"，电话号码为"13800138000"。

为了表示多个人的信息，可以使用如下代码：

```
[
    {
        "name": "Geoge Bush",
        "age": 20,
        "memo": "乔治毕业于哈佛大学，获取计算机科学博士学位……",
        "phone": "13800138000"
    },
    {
        "name": "Bill Gates",
        "age": 23,
        "memo": "比尔……",
        "phone": "13800138001"
    }
    ......
]
```

上述代码使用 JSON 中括号（[ ]）结构表示了多个人的信息。

访问 JSON 数据的形式根据 JSON 数据的格式不同有所不同：如果 JSON 数据是对象数据，则使用“变量名.成员名”的方式访问；如果 JSON 数据为数组数据，则使用“变量名[下标].成员名”的方式进行访问。假设第一个 JSON 对象的变量名为 var1，为了访问其 name 属性，使用 var1.name 的形式进行访问；假设第二个 JSON 数组的变量名为 var2，为了访问第二个人的 name 属性，使用 var2[1].name 的形式进行访问。

JSON 的属性数据类型可以是任何计算机支持的数据类型，包括数字、字符串、逻辑值（true、false）、数组、对象、null。例如，下面这个更为复杂的 JSON 数据：

```
{
    "name": "Bill Gates",
    "workday": ["Monday", "Tuesday", "Friday"],
    "salary": 8700.5,
    "birth": "1980-10-10",
    "memo": "Something……"
    "alive": true
}
```

8.10.2 在 JavaScript 中使用 JSON 数据

JSON 是 JavaScript 支持的原生数据格式，因此，在 JavaScript 中使用 JSON 数据非常简单。例如，在 JavaScript 中可以直接定义一个变量的值是一个 JSON 数据，具体如下：

```
var bill =
    {
        "name": "Bill Gates",
        "workday": ["Monday", "Tuesday", "Friday"],
        "salary": 8700.5,
        "birth": "1980-10-10",
        "memo": "Something……"
        "alive": true
    }
```

进而可以使用“变量名.属性名”或“变量名[下标]”的方式访问 JSON 数据。

8.10.3 在 Java 中使用 JSON 数据

Java 并不直接支持 JSON 数据，在 Java 中，任何一个 JSON 数据都被看作一个字符串，称为 JSON 串。通过使用第三方提供的 Jar 包，可以将 JSON 串转换为 Java 的对象，也可以将 Java 对象转换为 JSON 串。在这些第三方包中，Google 提供的 gson 是目前较好、使用较广泛的 JSON 包。你可以从 Google 的开发者网站上下载 gson 包。我们使用 gson 的 2.3.1 版本，即 gson-2.3.1.jar。下载完毕后，将 gson-2.3.1.jar 复制到工程的 libs 目录下，然后右击该包，在弹出的菜单中单击“Add as Library”即可使用。

现在我们简单地介绍一下如何使用 gson 进行 JSON 串与 Java 对象之间的转换。先自定义一个 Java 类——Person 如下：

```
public class Person {
    public String name;
    public int age;
    public String memo;
    public String phone;
}
```

基于这个 Java 类，我们可以将一个 JSON 串转换为 Person 对象，并将一个 Person 对象转换为 JSON 串，具体如下：

```
    Gson gson = new GsonBuilder().setDateFormat("yyyy-MM-dd").create();
```

```
        String bill_json =
        "{" +
            "\"name\":" +  "\"Bill Gates\"" + "," +
            "\"age\":" + "20" + "," +
            "\"memo\":" + "\"比尔毕业于哈佛大学……\"" + "," +
            "\"phone\":" + "\"13800138000\"" +
        "}";
        Person bill = gson.fromJson(bill_json, Person.class);
        System.out.println(bill.name + "\n" + bill.age + "\n" + bill.phone + "\n" +
bill.memo);

        Person geoge = new Person();
        geoge.name = "Geoge";
        geoge.age = 23;
        geoge.phone = "13800138001";
        geoge.memo = "Something to say……";
        String geoge_json = gson.toJson(geoge);
        System.out.println(geoge_json);
```

上述代码先获取一个 Gson 对象，再将一个表示 Person 数据的 JSON 串转换为 Java Person 类的对象；然后将一个 Java Person 类的对象转换为 JSON 串。运行这个代码片段，将显示如图 8-5 所示结果：

```
Bill Gates
20
13800138000
比尔毕业于哈佛大学……
{"memo":"Something to say......","name":"Geoge","phone":"13800138001","age":23}
```

图 8-5　使用 Gson 进行 Java 对象和 JSON 串之间的转换

8.10.4　使用 POST 请求及 JSON 数据格式发送请求

下面我们通过一个具体的例子来介绍如何使用 HTTP 的 POST 方法和 JSON 数据格式来与服务器端程序进行 HTTP 通信。继续使用 8.2 节点击按钮显示相应图片的例子。程序运行效果与图 8-4 完全一样。

为了处理 JSON 格式的数据请求，我们在服务器端先创建一个名为 ImageShowerJSON 的 Servlet，代码如下：

```
package com.ttt.servlet;

import java.io.FileInputStream;
import java.io.IOException;

import javax.servlet.ServletException;
import javax.servlet.ServletOutputStream;
import javax.servlet.annotation.WebServlet;
import javax.servlet.http.HttpServlet;
import javax.servlet.http.HttpServletRequest;
import javax.servlet.http.HttpServletResponse;

import com.google.gson.Gson;
import com.google.gson.GsonBuilder;
```

```
@WebServlet("/ImageShowerJSON")
public class ImageShowerJSON extends HttpServlet {
    private static final long serialVersionUID = 1L;

    protected void doGet(HttpServletRequest request, HttpServletResponse response)
                                            throws ServletException, IOException {
        request.setCharacterEncoding("utf-8");
        Gson gson = new GsonBuilder().setDateFormat("yyyy-MM-dd").create();
        String data = request.getParameter("data");
        TypeAndId ti = gson.fromJson(data, TypeAndId.class);

        FileInputStream fis = new FileInputStream(
            this.getServletContext().getRealPath("") + "images/png" + ti.type + ti.id +
".png");
        byte[] b=new byte[fis.available()];
        fis.read(b);
        fis.close();

        response.setContentType("image/png");
        ServletOutputStream op = response.getOutputStream();
        op.write(b);
        op.close();
    }

    protected void doPost(HttpServletRequest request, HttpServletResponse response)
                                            throws ServletException, IOException {
        doGet(request, response);
    }

    private class TypeAndId {
        public int type;
        public int id;
    }
}
```

新建一个名为 Ex08Network07 的 Android 工程，并将 gson-2.3.1.jar 复制到工程的 libs 目录下。将 res/layout/activity_main.xml 文件修改为如下内容：

```
<LinearLayout xmlns:android="http://schemas.android.com/apk/res/android"
    android:layout_width="match_parent"
    android:layout_height="match_parent"
    android:orientation="vertical">

    <Button
        android:id="@+id/id_btn_1"
        android:layout_width="match_parent"
        android:layout_height="wrap_content"
        android:text="@string/text_btn_1" />

    <Button
        android:id="@+id/id_btn_2"
        android:layout_width="match_parent"
        android:layout_height="wrap_content"
```

```
        android:text="@string/text_btn_2" />

    <Button
        android:id="@+id/id_btn_3"
        android:layout_width="match_parent"
        android:layout_height="wrap_content"
        android:text="@string/text_btn_3" />

    <Button
        android:id="@+id/id_btn_4"
        android:layout_width="match_parent"
        android:layout_height="wrap_content"
        android:text="@string/text_btn_4" />

    <ImageView
        android:id="@+id/id_iv"
        android:layout_width="match_parent"
        android:layout_height="match_parent"
        android:scaleType="fitCenter"
        android:contentDescription="@string/hello_world"
    />

</LinearLayout>
```

修改 res/values/strings.xml 文件，内容如下：

```
<?xml version="1.0" encoding="utf-8"?>
<resources>

    <string name="App_name">Ex08Network07</string>
    <string name="hello_world">Hello world!</string>

    <string name="text_btn_1">显示第一张蝴蝶</string>
    <string name="text_btn_2">显示第二张蝴蝶</string>
    <string name="text_btn_3">显示第一张卡通</string>
    <string name="text_btn_4">显示第二张卡通</string>

</resources>
```

修改 MainActivity.java 文件，文件内容如下：

```
package com.ttt.ex08network07;

import android.graphics.Bitmap;
import android.graphics.BitmapFactory;
import android.net.ConnectivityManager;
import android.net.NetworkInfo;
import android.os.Bundle;
import android.os.Handler;
import android.support.design.widget.FloatingActionButton;
import android.support.design.widget.Snackbar;
import android.support.v7.App.AppCompatActivity;
import android.support.v7.widget.Toolbar;
import android.view.View;
import android.widget.Button;
```

```
import android.widget.ImageView;
import android.widget.Toast;

import com.google.gson.Gson;
import com.google.gson.GsonBuilder;

import java.io.File;
import java.io.IOException;

import okhttp3.Call;
import okhttp3.Callback;
import okhttp3.FormBody;
import okhttp3.MediaType;
import okhttp3.MultipartBody;
import okhttp3.OkHttpClient;
import okhttp3.Request;
import okhttp3.RequestBody;
import okhttp3.Response;

public class MainActivity extends AppCompatActivity implements View.OnClickListener {
    private ImageView iv;
    private Bitmap bm;
    private Handler handler;

    @Override
    protected void onCreate(Bundle savedInstanceState) {
        super.onCreate(savedInstanceState);
        setContentView(R.layout.activity_main);
        Toolbar toolbar = (Toolbar) findViewById(R.id.toolbar);
        setSupportActionBar(toolbar);

        FloatingActionButton fab = (FloatingActionButton) findViewById(R.id.fab);
        fab.setOnClickListener(new View.OnClickListener() {
            @Override
            public void onClick(View view) {
                Snackbar.make(view, "Replace with your own action",
                        Snackbar.LENGTH_LONG)
                        .setAction("Action", null).show();
            }
        });

        bm = null;
        handler = new Handler();

        iv = (ImageView) this.findViewById(R.id.id_iv);

        Button btn_1 = (Button) this.findViewById(R.id.id_btn_1);
        btn_1.setOnClickListener(this);
        Button btn_2 = (Button) this.findViewById(R.id.id_btn_2);
        btn_2.setOnClickListener(this);
        Button btn_3 = (Button) this.findViewById(R.id.id_btn_3);
        btn_3.setOnClickListener(this);
        Button btn_4 = (Button) this.findViewById(R.id.id_btn_4);
```

```
        btn_4.setOnClickListener(this);
    }

    private boolean checkNetworkState() {
        ConnectivityManager cm = (ConnectivityManager) this
                .getSystemService(MainActivity.CONNECTIVITY_SERVICE);
        NetworkInfo ni = cm.getActiveNetworkInfo();
        if ((ni == null) || (!ni.isConnected())) {
            return false;
        }
        return true;
    }

    @Override
    public void onClick(View v) {
        if (!checkNetworkState()) {
            Toast.makeText(this, "网络没有打开，请打开网络后再试。",
                    Toast.LENGTH_LONG).show();
            return;
        }

        int id = v.getId();

        switch(id) {
            case R.id.id_btn_1:
                downloadImageAndShow(1, 1);
                break;
            case R.id.id_btn_2:
                downloadImageAndShow(1, 2);
                break;
            case R.id.id_btn_3:
                downloadImageAndShow(2, 1);
                break;
            case R.id.id_btn_4:
                downloadImageAndShow(2, 2);
                break;
        }
    }

    private void downloadImageAndShow(final int type, final int id) {
        new Thread(new Runnable() {
            @Override
            public void run() {
                OkHttpClient client = new OkHttpClient();

                Gson gson = new GsonBuilder().setDateFormat("yyyy-MM-dd").create();
                TypeAndId ti = new TypeAndId();
                ti.type = type;
                ti.id = id;
                String json = gson.toJson(ti);

                RequestBody formBody = new FormBody.Builder()
                        .add("data", json)
```

```
                .build();
            Request request = new Request.Builder()
                .url("http://192.168.233.131:8080/ForAndroid/ImageShowerJSON")
                .post(formBody)
                .build();

            client.newCall(request).enqueue(new Callback() {
                @Override
                public void onFailure(Call call, IOException e) {
                    e.printStackTrace();
                }

                @Override
                public void onResponse(Call call, Response response)
                                                    throws IOException {
                    if (!response.isSuccessful()) {
                        return;
                    }

                    byte[] b = null;
                    try {
                        b = response.body().bytes();
                    } catch (IOException e) {
                        e.printStackTrace();
                        return;
                    }
                    bm = BitmapFactory.decodeByteArray(b, 0, b.length);
                    handler.post(new Runnable() {
                        @Override
                        public void run() {
                            iv.setImageBitmap(bm);
                        }
                    });
                }
            });
        }
    }).start();
}

@SuppressWarnings("unused")
private class TypeAndId {
    public int type;
    public int id;
}
}
```

我们定义了一个 TypeAndId 类，用于组装发送到服务器端获取指定图片的参数。然后，在 downloadImageAndShow 函数中，我们使用如下代码：

```
            Gson gson = new GsonBuilder().setDateFormat("yyyy-MM-dd").create();
            TypeAndId ti = new TypeAndId();
            ti.type = type;
            ti.id = id;
            String json = gson.toJson(ti);
```

```
        RequestBody formBody = new FormBody.Builder()
                .add("data", json)
                .build();
```

获取一个 Gson 对象，并将图片的 type 和 id 封装在 TypeAndId 对象中。然后使用 gson 将数据转换为 JSON 串，并将 JSON 串作为名字为 data 的参数发送给服务器端程序。

在运行代码之前，我们还需要在 AndroidManifest.xml 文件中申请相应权限，代码如下所示：

```
<uses-permission android:name="android.permission.ACCESS_NETWORK_STATE"/>
<uses-permission android:name="android.permission.INTERNET"/>
```

运行代码，即可得到如图 8-4 所示结果。

第9章

定位和地图

当前的 Android 设备一般都配备有 GPS 定位设备，因此可以定位设备所处位置，进而可以根据设备所处位置提供相关的服务。基于设备所处位置提供该位置的地图信息是一项应用非常广泛的应用。本章将对这方面内容进行介绍。

通过特定程序可以直接操作 Android 设备配置的具有 GPS 功能的器件，从而达到定位的目的。但是，第三方组件提供了更灵活的位置服务功能，使用第三方组件来进行位置定位更方便快捷。目前可以使用的第三方定位组件包括百度的 Android 定位和地图 SDK、高德的 Android 定位和地图 SDK 及 Google 的 Android 定位和地图 SDK。本章将对如何使用百度的 Android 定位和地图 SDK 进行介绍，其他的第三方的 Android 定位和地图 SDK 的使用是类似的。

在此，我们需要说明的是，百度在不断更新定位及地图 SDK，建议直接从百度开发者网站获取最新的定位及地图开发信息。随着百度对定位及地图版本的更新，本章涉及的内容可能会存在问题。

9.1 使用百度定位 SDK 定位位置

百度定位 SDK 利用设备当前的 GPS 信息（GPS 定位）、基站信息（基站定位）和 Wi-Fi 信息（Wi-Fi 定位）完成定位。开发者在应用中成功集成百度定位 SDK 后，即可通过定位 SDK 的接口向百度定位服务请求位置信息。

定位 SDK 根据设备当前实际情况（如是否开启 GPS、是否连接网络、是否扫描到 Wi-Fi 信息等）生成定位依据，并根据开发者设置的实际定位策略（包括高精度模式、低功耗模式、仅用设备模式）进行定位。

在使用百度定位组件前，你需要进入 http://lbsyun.baidu.com/index.php?title=android-locsdk/guide/create-project/key 页面，按该页面引导申请百度网络服务的相关 Key。你也可以使用搜索引擎搜索“百度地图 API”找到这个页面。

从 http://lbsyun.baidu.com/index.php?title=sdk/download&action#selected=location_all 页面下载百度 Android 定位 SDK。Android 定位 SDK 自 V7.0 版本起，按照附加功能不同向开发者提供了四种不同类型的定位开发包，根据实际需求选择所需类型的开发包即可。我们选择功能最齐全的“全量定位”开发包。在这个页面上，还可以下载与使用百度 Android 定位 SDK 相关的示例代码，百度 Android 定位 SDK 下载页面如图 9-1 所示。

图 9-1 百度 Android 定位 SDK 下载页面

下面我们通过一个简单的例子来说明如何使用百度定位 SDK。为此，新建一个名为 Ex09LocationMap01 的 Android 工程，解压下载的定位 SDK 的 rar 文件，将解压得到的 libs 目录下的所有文件复制到 Android 工程的 libs 目录下，如图 9-2 所示，右击 BaiduLBS_Android.jar 文件，在弹出的菜单中选择“Add as Library”。

图 9-2 将百度定位 SDK 开发包添加至工程

修改 res/layout/activity_main.xml 文件，在其中显示一个 TextView 组件，我们将在这个组件中显示得到的定位信息。修改后的文件内容如下：

```
<RelativeLayout xmlns:android="http://schemas.android.com/apk/res/android"
    android:layout_width="match_parent"
    android:layout_height="match_parent"

    <TextView
        android:id="@+id/id_tv"
        android:layout_width="wrap_content"
        android:layout_height="wrap_content"
        android:text="@string/hello_world" />

</RelativeLayout>
```

修改 MainActivity.java 文件，其内容如下：

```
package com.ttt.ex09locationmap01;

import com.baidu.location.BDLocation;
import com.baidu.location.BDLocationListener;
import com.baidu.location.LocationClient;
import com.baidu.location.LocationClientOption;
import com.baidu.location.LocationClientOption.LocationMode;

import android.support.v7.App.AppCompatActivity;
import android.os.Bundle;
import android.widget.TextView;

public class MainActivity extends AppCompatActivity {
    private TextView tv;

    private LocationClient mLocationClient = null;
    private BDLocationListener myListener = null;

    @Override
    protected void onCreate(Bundle savedInstanceState) {
        super.onCreate(savedInstanceState);
        setContentView(R.layout.activity_main);

        tv = (TextView)this.findViewById(R.id.id_tv);

        //声明 LocationClient 类
        mLocationClient = new LocationClient(getApplicationContext());

        myListener = new MyLocationListener();
        mLocationClient.registerLocationListener(myListener);       //注册监听函数

        LocationClientOption option = new LocationClientOption();
        option.setLocationMode(LocationMode.Hight_Accuracy);        //设置定位模式
        option.setCoorType("bd09ll");       //返回的定位结果是百度经纬度,默认值 gcj02
        option.setScanSpan(5000);           //设置发起定位请求的间隔时间为 5000ms
        option.setIsNeedAddress(true);      //返回的定位结果包含地址信息
        option.setNeedDeviceDirect(true); //返回的定位结果包含手机机头的方向
        mLocationClient.setLocOption(option);
    }
```

```
    @Override
    protected void onResume() {
        super.onResume();
        mLocationClient.start();
        mLocationClient.requestLocation();
    }

    @Override
    protected void onPause() {
        super.onPause();
        mLocationClient.stop();
    }

    public class MyLocationListener implements BDLocationListener {
        @Override
        public void onReceiveLocation(BDLocation location) {
            if (location == null)
                    return ;

            StringBuffer sb = new StringBuffer(256);
            sb.Append("time : ");
            sb.Append(location.getTime());
            sb.Append("\nerror code : ");
            sb.Append(location.getLocType());
            sb.Append("\nlatitude : ");
            sb.Append(location.getLatitude());
            sb.Append("\nlontitude : ");
            sb.Append(location.getLongitude());
            sb.Append("\nradius : ");
            sb.Append(location.getRadius());
            if (location.getLocType() == BDLocation.TypeGpsLocation){
                    sb.Append("\nspeed : ");
                    sb.Append(location.getSpeed());
                    sb.Append("\nsatellite : ");
                    sb.Append(location.getSatelliteNumber());
            } else if (location.getLocType() == BDLocation.TypeNetWorkLocation){
                    sb.Append("\naddr : ");
                    sb.Append(location.getAddrStr());
            }
            tv.setText(sb.toString());
        }
    }
}
```

上述代码先定义了用于定位的两个变量：

```
private LocationClient mLocationClient = null;
private BDLocationListener myListener = null;
```

其中，mLocationClient 是程序用于定位的主要对象，该对象用于发起定位，并获取定位结果。定位是异步完成的，所以定义了 myListener 接口变量来监听定位结果。

在程序的 onCreate 回调函数中，显示主界面并获取 TextView 组件的应用。然后，创建 mLocationClient 对象和监听接口对象，并设置定位的相关参数，代码片段如下：

```
    //声明 LocationClient 类
    mLocationClient = new LocationClient(getApplicationContext());

    myListener = new MyLocationListener();
    mLocationClient.registerLocationListener(myListener);      //注册监听函数

    LocationClientOption option = new LocationClientOption();
    option.setLocationMode(LocationMode.Hight_Accuracy);       //设置定位模式
    option.setCoorType("bd09ll");      //返回的定位结果是百度经纬度,默认值 gcj02
    option.setScanSpan(5000);          //设置发起定位请求的间隔时间为 5000ms
    option.setIsNeedAddress(true);     //返回的定位结果包含地址信息
    option.setNeedDeviceDirect(true); //返回的定位结果包含手机机头的方向
    mLocationClient.setLocOption(option);
```

百度手机地图使用的是 bd09ll 格式的定位结果，为了配合配置地图，我们设置定位结果信息为"bd09ll"。

在 Activity 的 onResume 回调函数中，启动定位程序并请求定位信息；同时，在 onPause 回调函数中，停止定位。

百度地图使用异步方式进行定位,因此,需要编写自己的定位监听接口 MyLocationListener 来监听定位结果。一旦得到定位结果，系统将调用这个接口的 onReceiveLocation 方法，在这个方法中，根据得到的定位结果 BDLocation 类的对象，我们可以获取定位相关信息。

在该程序运行之前，需要修改 AndroidManifest.xml 文件以获取相应权限，其中包括申明服务、申请权限等。修改后的 AndroidManifest.xml 文件内容如下：

```
<?xml version="1.0" encoding="utf-8"?>
<manifest xmlns:android="http://schemas.android.com/apk/res/android"
   package="com.ttt.ex09locationmap01"
   android:versionCode="1"
   android:versionName="1.0" >

   <uses-sdk
      android:minSdkVersion="8"
      android:targetSdkVersion="21" />

   <!-- 这个权限用于进行网络定位-->
   <uses-permission android:name="android.permission.ACCESS_COARSE_LOCATION">
   </uses-permission>
   <!-- 这个权限用于访问 GPS 定位-->
   <uses-permission android:name="android.permission.ACCESS_FINE_LOCATION">
   </uses-permission>
   <!-- 用于访问 Wi-Fi 网络信息，Wi-Fi 信息会用于进行网络定位-->
   <uses-permission android:name="android.permission.ACCESS_WIFI_STATE">
   </uses-permission>
   <!-- 获取运营商信息，用于支持提供运营商信息相关的接口-->
   <uses-permission android:name="android.permission.ACCESS_NETWORK_STATE">
   </uses-permission>
   <!-- 这个权限用于获取 Wi-Fi 的获取权限，Wi-Fi 信息会用来进行网络定位-->
   <uses-permission android:name="android.permission.CHANGE_WIFI_STATE">
   </uses-permission>
   <!-- 用于读取手机当前的状态-->
   <uses-permission android:name="android.permission.READ_PHONE_STATE">
   </uses-permission>
```

```
    <!-- 写入扩展存储，向扩展卡写入数据，用于写入离线定位数据-->
    <uses-permission android:name="android.permission.WRITE_EXTERNAL_STORAGE">
    </uses-permission>
    <!-- 访问网络，网络定位需要上网-->
    <uses-permission android:name="android.permission.INTERNET" />
    <!-- SD卡读取权限，用户写入离线定位数据 -->
    <uses-permission
       android:name="android.permission.MOUNT_UNMOUNT_FILESYSTEMS">
    </uses-permission>
    <!--允许应用读取低级别的系统日志文件 -->
    <uses-permission android:name="android.permission.READ_LOGS">
    </uses-permission>

    <Application
       android:allowBackup="true"
       android:icon="@drawable/ic_launcher"
       android:label="@string/App_name"
       android:theme="@style/AppTheme" >
       <activity
          android:name=".MainActivity"
          android:label="@string/App_name" >
          <intent-filter>
             <action android:name="android.intent.action.MAIN" />
             <category android:name="android.intent.category.LAUNCHER" />
          </intent-filter>
       </activity>

       <service android:name="com.baidu.location.f" android:enabled="true"
             android:process=":remote">
       </service>

       <meta-data
          android:name="com.baidu.lbsapi.API_KEY"
          android:value="你的百度应用Key" />
    </Application>
</manifest>
```

用申请的百度应用 Key 替换该文件<meta-data>标签中的“你的百度应用 Key”后才可运行这个程序。同时，该程序需要使用 GPS、Wi-Fi 或 GPRS 等定位设备，因此，在 Android 手机上运行该程序才能得到定位结果。

9.2 使用百度地图 SDK 显示地图

上一节案例我们使用的是百度定位 SDK，它仅仅能够让我们获取定位位置信息，如果需要在应用中展现地图，则需要与百度地图 Android SDK 结合。百度地图 Android SDK 是一套基于 Android 2.1 及以上版本设备的应用程序接口，使用该 SDK 可以开发适用于 Android 系统移动设备的地图应用，通过调用地图 SDK 接口，可以轻松访问百度地图服务和数据，构建功能丰富、交互性强的地图类应用程序。

下载百度地图 Android SDK 在上一节中已有介绍，在页面提供的资源列表中选择“基础地图”选项，然后单击“下载开发包”按钮下载。注意，上一节我们申请的 Key 可以继续使用。百度 Android 地图 SDK 下载页面如图 9-3 所示。

图 9-3　百度 Android 地图 SDK 下载页面

下面我们通过一个简单的例子来说明如何使用百度地图 Android SDK。新建一个名为 Ex09LocationMap02 的 Android 工程，并将与百度地图 Android SDK 相关的文件复制到工程的 libs 目录下。修改 res/layout/activity_main.xml 文件，使其中包含一个百度地图控件。修改后的文件内容如下：

```
<RelativeLayout xmlns:android="http://schemas.android.com/apk/res/android"
   android:layout_width="match_parent"
   android:layout_height="match_parent">

   <com.baidu.mapapi.map.MapView
      android:id="@+id/id_bmapView"
      android:layout_width="match_parent"
      android:layout_height="match_parent"
      android:clickable="true" />

</RelativeLayout>
```

将 MainActivity.java 文件修改为如下内容：

```
package com.ttt.ex09locationmap02;

import com.baidu.mapapi.SDKInitializer;
import com.baidu.mapapi.map.MapView;

import android.support.v7.App.AppCompatActivity;
import android.os.Bundle;

public class MainActivity extends AppCompatActivity {
   MapView mMapView = null;

   @Override
   protected void onCreate(Bundle savedInstanceState) {
```

```
        super.onCreate(savedInstanceState);
        //在使用 SDK 各组件前初始化 context 信息，传入 ApplicationContext
        //注意该方法要在 setContentView 方法之前实现
        SDKInitializer.initialize(getApplicationContext());
        setContentView(R.layout.activity_main);
        //获取地图控件引用
        mMapView = (MapView) findViewById(R.id.id_bmapView);
    }
    @Override
    protected void onDestroy() {
        super.onDestroy();
        //在 activity 执行 onDestroy 时执行 mMapView.onDestroy()，实现地图生命周期管理
        mMapView.onDestroy();
    }

    @Override
    protected void onResume() {
        super.onResume();
        //在 activity 执行 onResume 时执行 mMapView.onResume()，实现地图生命周期管理
        mMapView.onResume();
    }

    @Override
    protected void onPause() {
        super.onPause();
        //在 activity 执行 onPause 时执行 mMapView.onPause()，实现地图生命周期管理
        mMapView.onPause();
    }

}
```

这是最简单的地图应用，只是在 onCreate 方法中初始化地图组件，并在 Activity 的生命周期方法中同时完成地图生命周期管理。关于完整的百度地图 Android SDK 的使用请参考百度地图 SDK 文档。

修改 AndroidManifest.xml 文件，以获取申明服务、申请权限、注册百度地图应用 Key 等权限。修改后的 AndroidManifest.xml 文件内容如下：

```
<?xml version="1.0" encoding="utf-8"?>
<manifest xmlns:android="http://schemas.android.com/apk/res/android"
    package="com.ttt.ex09locationmap02"
    android:versionCode="1"
    android:versionName="1.0" >

    <uses-sdk
        android:minSdkVersion="8"
        android:targetSdkVersion="21" />

    <uses-permission android:name="android.permission.GET_ACCOUNTS" />
    <uses-permission android:name="android.permission.USE_CREDENTIALS" />
    <uses-permission android:name="android.permission.MANAGE_ACCOUNTS" />
    <uses-permission android:name="android.permission.AUTHENTICATE_ACCOUNTS" />
    <uses-permission android:name="android.permission.ACCESS_NETWORK_STATE" />
    <uses-permission android:name="android.permission.INTERNET" />
```

```
    <uses-permission android:name="com.android.launcher.permission.READ_SETTINGS" />
    <uses-permission android:name="android.permission.CHANGE_WIFI_STATE" />
    <uses-permission android:name="android.permission.ACCESS_WIFI_STATE" />
    <uses-permission android:name="android.permission.READ_PHONE_STATE" />
    <uses-permission android:name="android.permission.WRITE_EXTERNAL_STORAGE" />
    <uses-permission android:name="android.permission.BROADCAST_STICKY" />
    <uses-permission android:name="android.permission.WRITE_SETTINGS" />
    <uses-permission android:name="android.permission.READ_PHONE_STATE" />

    <Application
        android:allowBackup="true"
        android:icon="@drawable/ic_launcher"
        android:label="@string/App_name"
        android:theme="@style/AppTheme" >
        <activity
            android:name=".MainActivity"
            android:label="@string/App_name" >
            <intent-filter>
                <action android:name="android.intent.action.MAIN" />
                <category android:name="android.intent.category.LAUNCHER" />
            </intent-filter>
        </activity>

        <meta-data
            android:name="com.baidu.lbsapi.API_KEY"
            android:value="你的百度应用 Key" />

    </Application>
</manifest>
```

运行这个程序，即可得到常见的地图效果。

9.3 本章同步练习

请结合百度定位和地图 SDK，将使用百度定位 SDK 得到的定位信息在百度地图上显示出来，即在地图上显示设备所在位置。

第 10 章

Android 电话控制

Android 设备是基于电话应用开发的智能设备，本章我们将讨论 Android 设备的电话功能及其控制方法。

10.1 电话设备模块

如果编写的程序必须具备电话模块才能运行，如骚扰电话拦截程序，那么在将程序安装到设备前，必须指定程序运行的必需特征。如果设备不具备这些特征，那么 Android 系统将拒绝安装该程序。在 AndroidManifest.xml 文件中使用如下语句指定电话特征：

```
<uses-feature android:name="android.hardware.telephony" android:required="true"/>
```

如果程序不具备电话模块也可以运行，只是应用功能可能会受到影响，那么不必强制电话模块必须存在，只要检查电话模块的存在性，并适当禁用某些功能即可。可以使用下列代码来检测电话模块的存在性：

```
PackageManager pm = getPackageManager();
boolean telephonySupported =
       pm.hasSystemFeature(PackageManager.FEATURE_TELEPHONY);
boolean gsmSupported =
       pm.hasSystemFeature(PackageManager.FEATURE_TELEPHONY_CDMA);
boolean cdmaSupported =
       pm.hasSystemFeature(PackageManager.FEATURE_TELEPHONY_GSM);
```

10.2 电话基本控制

10.2.1 拨打电话

建议使用 Android 自带的电话拨号程序拨打电话。通过使用 Intent.ACTION_DIAL，同时指定要拨打的电话来启动 Android 内置的 Activity 来拨打电话，具体代码如下：

```
Intent call = new Intent(Intent.ACTION_DIAL, Uri.parse("tel:555-2368"));
startActivity(call);
```

10.2.2 获取电话设备详细信息

使用 TelephonyManager 获取电话的属性和状态，需要先获取一个 TelphoneManager 对象，代码如下：

```
String srvcName = Context.TELEPHONY_SERVICE;
TelephonyManager telephonyManager = (TelephonyManager)getSystemService(srvcName);
```

进而可获取电话设备的详细信息：

```
String phoneTypeStr = "unknown";
int phoneType = telephonyManager.getPhoneType();
switch (phoneType) {
   case (TelephonyManager.PHONE_TYPE_CDMA):
         phoneTypeStr = "CDMA";
         break;

   case (TelephonyManager.PHONE_TYPE_GSM) :
         phoneTypeStr = "GSM";
         break;

   case (TelephonyManager.PHONE_TYPE_SIP):
         phoneTypeStr = "SIP";
         break;

   case (TelephonyManager.PHONE_TYPE_NONE):
         phoneTypeStr = "None";
         break;

   default: break;
}
String deviceId = telephonyManager.getDeviceId();
String softwareVersion = telephonyManager.getDeviceSoftwareVersion();
String phoneNumber = telephonyManager.getLine1Number();
//获取 SIM 卡相关信息
int simState = telephonyManager.getSimState();
switch (simState) {
   case (TelephonyManager.SIM_STATE_ABSENT): break;
   case (TelephonyManager.SIM_STATE_NETWORK_LOCKED): break;
   case (TelephonyManager.SIM_STATE_PIN_REQUIRED): break;
   case (TelephonyManager.SIM_STATE_PUK_REQUIRED): break;
   case (TelephonyManager.SIM_STATE_UNKNOWN): break;
   case (TelephonyManager.SIM_STATE_READY): {
         String simCountry = telephonyManager.getSimCountryIso();
         String simOperatorCode = telephonyManager.getSimOperator();
         String simOperatorName = telephonyManager.getSimOperatorName();
         String simSerial = telephonyManager.getSimSerialNumber();
         break;
   }
   default: break;
}
```

为了读取电话设备的状态信息，应获取如下权限：

```
<uses-permission android:name="android.permission.READ_PHONE_STATE"/>
```

10.2.3 监听电话状态的变化

使用电话控制 API 来监测电话状态的变化，如呼叫状态的变化、服务状态的变化、位置状态的变化、信号强度的变化等。为此，需要继承 PhoneStateListener 类监听电话状态的变化。为了监听电话状态，需要使用 TelphoneManager 来注册监听器：

```
telephonyManager.listen(myPhoneStateListener,
                PhoneStateListener.LISTEN_CALL_FORWARDING_INDICATOR |
                PhoneStateListener.LISTEN_CALL_STATE |
                PhoneStateListener.LISTEN_CELL_LOCATION |
                PhoneStateListener.LISTEN_DATA_ACTIVITY |
                PhoneStateListener.LISTEN_DATA_CONNECTION_STATE |
                PhoneStateListener.LISTEN_MESSAGE_WAITING_INDICATOR |
                PhoneStateListener.LISTEN_SERVICE_STATE |
                PhoneStateListener.LISTEN_SIGNAL_STRENGTHS);
```

使用下列语句可取消监听：

```
telephonyManager.listen(phoneStateListener, PhoneStateListener.LISTEN_NONE);
```

自己定义的一个电话状态监听器的类，如下所示：

```
public class MyPhoneStateListener extends PhoneStateListener {
   public void onCallStateChanged(int state, String incomingNumber) {
      String callStateStr = "Unknown";
      switch (state) {
         case TelephonyManager.CALL_STATE_IDLE :
            callStateStr = "idle";
            break;

         case TelephonyManager.CALL_STATE_OFFHOOK :
            callStateStr = "off hook";
            break;

         case TelephonyManager.CALL_STATE_RINGING :
            callStateStr = "ringing. Incoming number is: "
            + incomingNumber;
            break;

         default : break;
      }
   }

   public void onCellLocationChanged(CellLocation location) {
      if (location instanceof GsmCellLocation) {
         GsmCellLocation gsmLocation = (GsmCellLocation)location;
      }
      else if (location instanceof CdmaCellLocation) {
         CdmaCellLocation cdmaLocation = (CdmaCellLocation)location;
         StringBuilder sb = new StringBuilder();
         sb.Append(cdmaLocation.getBaseStationId());
         sb.Append("\n@");
         sb.Append(cdmaLocation.getBaseStationLatitude());
         sb.Append(cdmaLocation.getBaseStationLongitude());
      }
   }
```

```
    public void onServiceStateChanged(ServiceState serviceState) {
        if (serviceState.getState() == ServiceState.STATE_IN_SERVICE) {
            String toastText = "Operator: " + serviceState.getOperatorAlphaLong();
        }
    }

    public void onDataActivity(int direction) {
        String dataActivityStr = "None";
        switch (direction) {
            case TelephonyManager.DATA_ACTIVITY_IN :
                dataActivityStr = "Downloading";
                break;

            case TelephonyManager.DATA_ACTIVITY_OUT :
                dataActivityStr = "Uploading";
                break;

            case TelephonyManager.DATA_ACTIVITY_INOUT :
                dataActivityStr = "Uploading/Downloading";
                break;

            case TelephonyManager.DATA_ACTIVITY_NONE :
                dataActivityStr = "No Activity";
                break;
        }
    }

    public void onDataConnectionStateChanged(int state) {
        String dataStateStr = "Unknown";
        switch (state) {
            case TelephonyManager.DATA_CONNECTED :
                dataStateStr = "Connected";
                break;

            case TelephonyManager.DATA_CONNECTING :
                dataStateStr = "Connecting";
                break;

            case TelephonyManager.DATA_DISCONNECTED :
                dataStateStr = "Disconnected";
                break;

            case TelephonyManager.DATA_SUSPENDED :
                dataStateStr = "Suspended";
                break;
        }
    }
}
```

根据监听的电话状态的不同，需要取得如下权限：

```
<uses-permission android:name="android.permission.READ_PHONE_STATE"/>
<uses-permission android:name="android.permission.ACCESS_COARSE_LOCATION"/>
```

10.2.4 监听电话呼叫状态变化的广播消息

当电话的呼叫状态发生变化时，如来电呼叫、接听电话、挂断电话，TelphoneManager 会广播一个 ACTION_PHONE_STATE_CHANGED 消息，通过监听这个广播消息可以监听电话呼叫状态的变化。为此，需要实现一个继承 BroadcastReceiver 的类，并重载 onReceive 方法。例子如下：

```
public class PhoneStateChangedReceiver extends BroadcastReceiver {
    @Override
    public void onReceive(Context context, Intent intent) {
        String phoneState = intent.getStringExtra(TelephonyManager.EXTRA_STATE);
        if (phoneState.equals(TelephonyManager.EXTRA_STATE_RINGING)) {
            String phoneNumber =
                    intent.getStringExtra(TelephonyManager.EXTRA_INCOMING_NUMBER);
            Toast.makeText(context, "Incoming Call From: " + phoneNumber,
                        Toast.LENGTH_LONG).show();
        }
    }
}
```

然后在 AndroidManifest.xml 文件中注册监听器：

```
<receiver android:name="PhoneStateChangedReceiver">
    <intent-filter>
        <action android:name="android.intent.action.PHONE_STATE"></action>
    </intent-filter>
</receiver>
```

10.3 综合举例：电话拦截及电话录音

本章结束我们介绍一个电话控制的综合例子：电话拦截及电话录音。电话拦截，即拦截不想接听的电话，如骚扰电话等；电话录音，即对每个通话过程进行录音，生成语音文件并将该文件保存在 SD 卡中。

为了保证安全性，从 Android 3.0 开始 SDK 就删除了控制电话呼叫的 API，为了使用接口，需要使用反射机制获取 ITelphone 和 NeighboringCellInfo 接口。

为此，先新建一个 Android 工程，并将 ITelphone 和 NeighboringCellInfo 这两个接口的服务描述文件 ITelphony.aidl 和 NeighboringCellInfo.aidl 放置到工程中，如图 10-1 所示。

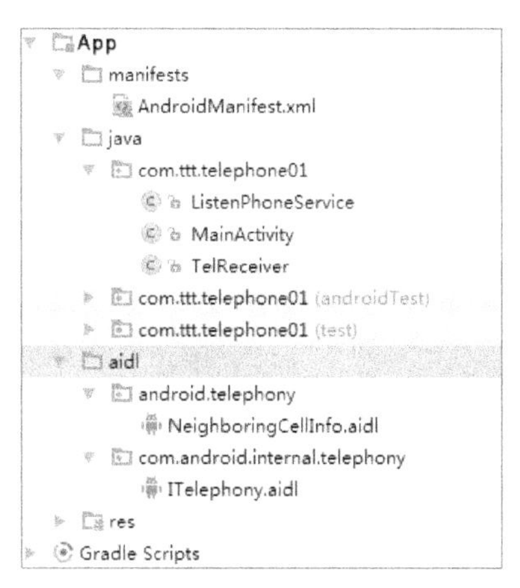

图 10-1 电话拦截和录音工程结构

其中，NeighboringCellInfo.aidl 文件内容如下所示：

```
package android.telephony;
parcelable NeighboringCellInfo;
```

ITelphony.aidl 文件内容如下所示：

```
package com.android.internal.telephony;

import android.os.Bundle;
import java.util.List;
import android.telephony.NeighboringCellInfo;

interface ITelephony {

    /**
     * 拨打一个号码，但还没有呼叫，只是显示拨打界面
     */
    void dial(String number);

    /**
     * 呼叫一个号码
     */
    void call(String number);

    /**
     * 如果正在显示呼叫界面，则返回 true，否则返回 false
     */
    boolean showCallScreen();

    boolean showCallScreenWithDialpad(boolean showDialpad);

    /**
     * 结束呼叫
     */
    boolean endCall();

    /**
     * 接听当前正在拨打的电话
     */
    void answerRingingCall();

    /**
     * 如果当前正在拨入呼叫，则使振铃器静音
     */
    void silenceRinger();

    /**
     * 检查电话是否在通话中或保持通话中
     */
    boolean isOffhook();

    /**
     * 检查来电是否响铃或呼叫等待
     */
```

```
boolean isRinging();

/**
 * 检查手机是否处于空闲状态
 */
boolean isIdle();

/**
 * 检查天线是否打开
 */
boolean isRadioOn();

/**
 * 检查 SIM 卡锁定是否可用
 */
boolean isSimPinEnabled();

/**
 * 取消未接来电通知
 */
void cancelMissedCallsNotification();

/**
 * 提供一个密码以解锁 SIM 卡
 */
boolean supplyPin(String pin);

boolean handlePinMmi(String dialString);

void toggleRadioOnOff();

boolean setRadio(boolean turnOn);

void updateServiceLocation();

/**
 * 启动位置更新提醒
 */
void enableLocationUpdates();

/**
 * 关闭位置更新提醒
 */
void disableLocationUpdates();

int enableApnType(String type);

int disableApnType(String type);

/**
 * 允许移动数据连接
 */
boolean enableDataConnectivity();
```

```
    /**
     * 关闭移动数据连接
     */
    boolean disableDataConnectivity();

    /**
     * 检查移动数据是否可用
     */
    boolean isDataConnectivityPossible();

    Bundle getCellLocation();

    List<NeighboringCellInfo> getNeighboringCellInfo();

     int getCallState();
     int getDataActivity();
     int getDataState();
}
```

这两个文件内容是预先定义好的，可以从网上下载它们的源代码。

AndroidManifest.xml 文件内容如下所示：

```
<?xml version="1.0" encoding="utf-8"?>
<manifest xmlns:android="http://schemas.android.com/apk/res/android"
    package="com.ttt.telephone01">

    <!-- 添加访问手机电话状态的权限 -->
    <uses-permission android:name="android.permission.READ_PHONE_STATE" />
    <!-- 拨打电话权限 -->
    <uses-permission android:name="android.permission.CALL_PHONE" />
    <!-- 监听手机去电的权限 -->
    <uses-permission android:name="android.permission.PROCESS_OUTGOING_CALLS" />
    <!-- 在 SDCard 中创建与删除文件权限 -->
    <uses-permission android:name="android.permission.MOUNT_UNMOUNT_FILESYSTEMS" />
    <!-- 往 SDCard 写入数据权限 -->
    <uses-permission android:name="android.permission.WRITE_EXTERNAL_STORAGE" />

    <Application
        android:allowBackup="true"
        android:icon="@mipmap/ic_launcher"
        android:label="@string/App_name"
        android:supportsRtl="true"
        android:theme="@style/AppTheme">

        <activity
            android:name=".MainActivity"
            android:label="@string/App_name"
            android:theme="@style/AppTheme.NoActionBar">
            <intent-filter>
                <action android:name="android.intent.action.MAIN" />

                <category android:name="android.intent.category.LAUNCHER" />
            </intent-filter>
```

```
        </activity>

        <receiver android:name=".TelReceiver" >
            <intent-filter android:priority="1000" >
                <action android:name="android.intent.action.PHONE_STATE" />
                <action android:name="android.intent.action.NEW_OUTGOING_CALL" />
            </intent-filter>
        </receiver>

        <service
            android:name=".ListenPhoneService"
            android:enabled="true"
            android:exported="true" >
        </service>

    </Application>

</manifest>
```

TelReceiver.java 代码内容如下所示：

```
import android.content.BroadcastReceiver;
import android.content.Context;
import android.content.Intent;
import android.telephony.TelephonyManager;

public class TelReceiver extends BroadcastReceiver {
    public TelReceiver() {
    }

    @Override
    public void onReceive(Context context, Intent intent) {
        Intent i=new Intent(context,ListenPhoneService.class);
        i.setFlags(Intent.FLAG_ACTIVITY_NEW_TASK);
        i.setAction(intent.getAction());
        i.putExtra(TelephonyManager.EXTRA_INCOMING_NUMBER,
        intent.getStringExtra(TelephonyManager.EXTRA_INCOMING_NUMBER));
        i.putExtra(TelephonyManager.EXTRA_STATE,
                intent.getStringExtra(TelephonyManager.EXTRA_STATE));     //电话状态
        context.startService(i);                                          //启动服务
    }
}
```

ListenPhoneService.java 文件内容如下所示：

```
import android.App.Service;
import android.content.Context;
import android.content.Intent;
import android.media.AudioManager;
import android.media.MediaRecorder;
import android.os.Environment;
import android.os.IBinder;
import android.telephony.PhoneStateListener;
import android.telephony.TelephonyManager;
import android.util.Log;
```

```
import com.android.internal.telephony.ITelephony;

import java.io.File;
import java.io.IOException;
import java.lang.reflect.Method;

public class ListenPhoneService  extends Service {
    private AudioManager mAudioManager;
    private TelephonyManager tm;

    private MediaRecorder recorder;
    private boolean recording ;

    public ListenPhoneService() {
    }

    @Override
    public void onCreate() {
        super.onCreate();
        mAudioManager=(AudioManager)getSystemService(Context.AUDIO_SERVICE);
        tm=(TelephonyManager)getSystemService(Service.TELEPHONY_SERVICE);
    }

    @Override
    public int onStartCommand(Intent intent, int flags, int startId) {
        if(intent.getAction().equals(Intent.ACTION_NEW_INCOMMING_CALL)){
            //方法1
            //获取来电电话
             String number=intent.getStringExtra(
                        TelephonyManager.EXTRA_INCOMING_NUMBER);
            //获取电话状态
            String state=intent.getStringExtra(TelephonyManager.EXTRA_STATE);
            //有如下状态:
            /*
            (1) TelephonyManager.EXTRA_STATE_IDLE:            //空闲状态
            (2) TelephonyManagerEXTRA_STATE_OFFHOOK:          //接起电话
            (3) TelephonyManager.EXTRA_STATE_RINGING:         //响铃时
            */
            if(state.equals(TelephonyManager.EXTRA_STATE_RINGING)){
                if(number.equals("18675707481")){             //拦截指定的电话号码
                    mAudioManager.setRingerMode(
                                    AudioManager.RINGER_MODE_SILENT);
                    stopCall();
                    mAudioManager.setRingerMode(
                        AudioManager.RINGER_MODE_NORMAL);     //恢复铃声
                }
            } else if(state.equals(TelephonyManager.EXTRA_STATE_OFFHOOK)){
                //接起电话
                recordCall();                                 //开始录音
            } else if(state.equals(TelephonyManager.EXTRA_STATE_IDLE)){
                stopCall();                                   //停止录音
            }
```

```
        /*
        //方法2
        // 设置一个监听器，监听电话状态
        tm.listen(listener, PhoneStateListener.LISTEN_CALL_STATE);
        */
    }

    return super.onStartCommand(intent, flags, startId);
}

private void stopCall(){
    try {
        //Android的设计将ServiceManager隐藏了，所以只能使用反射机制获取
        Method method = Class.forName("android.os.ServiceManager").
                                          getMethod("getService", String.class);
        //获取系统电话服务
        IBinder binder = (IBinder)method.invoke(null, new Object[]{"phone"});
        ITelephony telephone = ITelephony.Stub.asInterface(binder);
        telephone.endCall();   //挂断电话
        stopSelf();            //停止服务
    } catch (Exception e) {
        e.printStackTrace();
    }
}

PhoneStateListener listener=new PhoneStateListener(){
    @Override
    public  void onCallStateChanged(int state,String incomingNumber){
        switch (state){
            //手机空闲了
            case TelephonyManager.CALL_STATE_IDLE:
                stopCall();      //停止录音
                break;

            //接起电话
            case TelephonyManager.CALL_STATE_OFFHOOK:
                recordCall();   //开始录音
                break;
            // 响铃时
            case TelephonyManager.CALL_STATE_RINGING:
                // 如果该号码属于黑名单
                if (incomingNumber.equals("123456")) {
                    // 进行屏蔽
                    stopCall();
                }
                break;
        }
    }
};

private void recordCall(){
    if( Environment.getExternalStorageState().equals(Environment.MEDIA_MOUNTED)){
```

```
            recorder = new MediaRecorder();
            recorder.setAudioSource(MediaRecorder.AudioSource.MIC);//读取麦克风收集的声音
            //设置输出格式
            recorder.setOutputFormat(MediaRecorder.OutputFormat.THREE_GPP);
            recorder.setAudioEncoder(MediaRecorder.AudioEncoder.AMR_NB);    // 编码方式

            File file = new File(Environment.getDownloadCacheDirectory().
                                                    getAbsolutePath(),"recorder");
            if(!file.exists()){
                file.mkdir();
            }

            //存放的位置在SD卡recorder目录下
            recorder.setOutputFile(file.getAbsolutePath() + "/"
                    + System.currentTimeMillis() + "3gp");
            try {
                recorder.prepare();
                recorder.start();
                recording = true;
            } catch (IOException e) {
                e.printStackTrace();
            }
        }
    }

    private void stopRecord(){
        if(recording){
            recorder.stop();
            recorder.release();
            recording=false;
            stopSelf();                                                      //停止服务
        }
    }

    @Override
    public IBinder onBind(Intent intent) {
        throw new UnsupportedOperationException("Not yet implemented");
    }
}
```

MainActivity.java 代码及相关布局文件代码，在此省略。

第 11 章

短消息 SMS 和多媒体消息服务 MMS

短消息 SMS 可以用于发送文本及数据类消息，而 MMS 则可以发送包括音频、视频、图片在内的多媒体信息。

11.1 使用 Intent 发送 SMS 消息和 MMS 消息

在多数情况下建议使用 Intent 发送 SMS 消息和 MMS 消息，这也是最简单的发送 SMS 和 MMS 的方式。发送一个短消息 SMS 到指定号码，其代码片段如下：

```
Intent smsIntent = new Intent(Intent.ACTION_SENDTO,Uri.parse("sms:55512345"));
smsIntent.putExtra("sms_body", "Press send to send me");
startActivity(smsIntent);
```

发送一个带有附件的 MMS 消息到指定号码，其代码片段如下：

```
// 获取媒体附件的位置
Uri attached_Uri = Uri.parse("content://media/external/images/media/1");
// 创建一个 MMS 意图
Intent mmsIntent = new Intent(Intent.ACTION_SEND, attached_Uri);
mmsIntent.putExtra("sms_body", "Please see the attached image");
mmsIntent.putExtra("address", "07912355432");
mmsIntent.putExtra(Intent.EXTRA_STREAM, attached_Uri);
mmsIntent.setType("image/jpeg");
startActivity(mmsIntent);
```

11.2 使用 SMS 管理器发送短消息

SMS 管理器提供了管理 SMS 的功能。获取一个 SMS 管理器的代码片段如下所示：

```
SmsManager smsManager = SmsManager.getDefault();
```

为了使用 SMS 管理器，需要获取权限的代码如下所示：

```
<uses-permission android:name="android.permission.SEND_SMS"/>
```

11.2.1 发送文本消息和 Data 消息

发送一段文本消息的代码片段如下：

```
SmsManager smsManager = SmsManager.getDefault();
String sendTo = "5551234";
String myMessage = "Android supports programmatic SMS messaging!";
smsManager.sendTextMessage(sendTo, null, myMessage, null, null);
```

发送 Data 消息的代码片段如下：

```
String sendTo = "5551234";
short destinationPort = 80;
byte[] data = [ … your data … ];
smsManager.sendDataMessage(sendTo, null, destinationPort,data, null, null);
```

11.2.2 跟踪消息的发送结果

为了跟踪消息发送的结果，可以通过实现 Broadcast Receiver 来监听结果消息。发送 SMS 并跟踪消息的结果的代码片段如下：

```
String SENT_SMS_ACTION = "com.ttt.smssnippets.SENT_SMS_ACTION";
String DELIVERED_SMS_ACTION = "com.ttt.smssnippets.DELIVERED_SMS_ACTION";
Intent sentIntent = new Intent(SENT_SMS_ACTION);
PendingIntent sentPI = PendingIntent.getBroadcast(getApplicationContext(),0,
sentIntent,PendingIntent.FLAG_UPDATE_CURRENT);
Intent deliveryIntent = new Intent(DELIVERED_SMS_ACTION);
PendingIntent deliverPI = PendingIntent.getBroadcast(getApplicationContext(),0,
                                    deliveryIntent,
                                    PendingIntent.FLAG_UPDATE_CURRENT);
registerReceiver(new BroadcastReceiver() {
   @Override
   public void onReceive(Context _context, Intent _intent)
   {
      String resultText = "UNKNOWN";
      switch (getResultCode()) {
         case Activity.RESULT_OK:
              resultText = "Transmission successful"; break;
         case SmsManager.RESULT_ERROR_GENERIC_FAILURE:
              resultText = "Transmission failed"; break;
         case SmsManager.RESULT_ERROR_RADIO_OFF:
              resultText = "Transmission failed: Radio is off";
              break;
         case SmsManager.RESULT_ERROR_NULL_PDU:
              resultText = "Transmission Failed: No PDU specified";
              break;
         case SmsManager.RESULT_ERROR_NO_SERVICE:
              resultText = "Transmission Failed: No service";
              break;
      }
      Toast.makeText(_context, resultText, Toast.LENGTH_LONG).show();
   }
},
new IntentFilter(SENT_SMS_ACTION));
registerReceiver(new BroadcastReceiver() {
   @Override
   public void onReceive(Context _context, Intent _intent)
   {
      Toast.makeText(_context, "SMS Delivered",Toast.LENGTH_LONG).show();
   }
},
new IntentFilter(DELIVERED_SMS_ACTION));
```

```
    SmsManager smsManager = SmsManager.getDefault();
    String sendTo = "5551234";
    String myMessage = "Android supports programmatic SMS messaging!";
    smsManager.sendTextMessage(sendTo, null, myMessage, sentPI, deliverPI);
```

11.3 监听 SMS 到达的广播消息

当有新短消息到达 Android 系统时，Android 会广播一条 action 为 android.provider.Telephony.SMS_RECEIVED 的广播消息。通过监听这条消息，即可监听 SMS 短消息。为了监听短消息，需要获取权限的代码如下所示：

```
    <uses-permission android:name="android.permission.RECEIVE_SMS"/>
```

以下是典型的短消息监听代码：

```
public class MySMSReceiver extends BroadcastReceiver {
    @Override
    public void onReceive(Context context, Intent intent) {
        Bundle bundle = intent.getExtras();
        if (bundle != null) {
            Object[] pdus = (Object[]) bundle.get("pdus");
            SmsMessage[] messages = new SmsMessage[pdus.length];
            for (int i = 0; i < pdus.length; i++)
                messages[i] = SmsMessage.createFromPdu((byte[]) pdus[i]);
            for (SmsMessage message : messages) {
                String msg = message.getMessageBody();
                long when = message.getTimestampMillis();
                String from = message.getOriginatingAddress();
                Toast.makeText(context, from + " : " + msg, Toast.LENGTH_LONG).show();
            }
        }
    }
}
```

当然，还需要在 AndroidManifest.xml 文件中注册这个监听器，其代码如下：

```
    <receiver android:name="MySMSReceiver">
        <intent-filter>
            <action android:name="android.provider.Telephony.SMS_RECEIVED"/>
        </intent-filter>
    </receiver>
```

11.4 SMS 综合举例

下面通过一个综合举例来结束本章内容。该程序用来实现接收短信、按下指定按钮回复短信信息。为此，新建一个 SMSMMS 的 Android 工程，具体代码如下。

activity_main.xml 文件内容如下：

```
<?xml version="1.0" encoding="utf-8"?>
<RelativeLayout xmlns:android="http://schemas.android.com/apk/res/android"
    android:id="@+id/content_main"
    android:layout_width="match_parent"
    android:layout_height="match_parent">
```

```
    <TextView
        android:id="@+id/labelRequestList"
        android:layout_width="match_parent"
        android:layout_height="wrap_content"
        android:layout_alignParentTop="true"
        android:text="@string/querylistprompt" />

    <LinearLayout
        android:id="@+id/buttonLayout"
        android:layout_width="match_parent"
        android:layout_height="wrap_content"
        android:layout_alignParentBottom="true"
        android:orientation="vertical"
        android:padding="5dp">

        <CheckBox
            android:id="@+id/checkboxSendLocation"
            android:layout_width="match_parent"
            android:layout_height="wrap_content"
            android:text="@string/includelocationprompt" />

        <Button
            android:id="@+id/okButton"
            android:layout_width="match_parent"
            android:layout_height="wrap_content"
            android:text="@string/allClearButtonText" />

        <Button
            android:id="@+id/notOkButton"
            android:layout_width="match_parent"
            android:layout_height="wrap_content"
            android:text="@string/maydayButtonText" />

        <Button
            android:id="@+id/autoResponder"
            android:layout_width="match_parent"
            android:layout_height="wrap_content"
            android:text="@string/setupautoresponderButtonText" />
    </LinearLayout>

    <ListView
        android:id="@+id/myListView"
        android:layout_width="match_parent"
        android:layout_height="match_parent"
        android:layout_above="@id/buttonLayout"
        android:layout_below="@id/labelRequestList" />

</RelativeLayout>
```

string.xml 文件内容如下：

```
<resources>
    <string name="App_name">SMSMMS</string>
```

```
    <string name="allClearButtonText">I am Safe and Well</string>
    <string name="maydayButtonText">MAYDAY! MAYDAY! MAYDAY!</string>
    <string name="setupautoresponderButtonText">Setup Auto Responder</string>
    <string name="allClearText">I am safe and well. Worry not!</string>
    <string name="maydayText">Tell my mother I love her.</string>
    <string name="querystring">are you OK?</string>
    <string name="querylistprompt">These people want to know if you\'re ok</string>
    <string name="includelocationprompt">Include Location in Reply</string>

</resources>
```

MainActivity.java 文件内容如下：

```
package com.ttt.smsmms;

import android.App.PendingIntent;
import android.content.BroadcastReceiver;
import android.content.Context;
import android.content.Intent;
import android.content.IntentFilter;
import android.location.Address;
import android.location.Geocoder;
import android.location.Location;
import android.location.LocationManager;
import android.os.Bundle;
import android.support.design.widget.FloatingActionButton;
import android.support.design.widget.Snackbar;
import android.support.v7.App.AppCompatActivity;
import android.support.v7.widget.Toolbar;
import android.telephony.SmsManager;
import android.telephony.SmsMessage;
import android.util.Log;
import android.view.View;
import android.widget.ArrayAdapter;
import android.widget.Button;
import android.widget.CheckBox;
import android.widget.ListView;

import java.io.IOException;
import java.util.ArrayList;
import java.util.List;
import java.util.Locale;
import java.util.concurrent.locks.ReentrantLock;

public class MainActivity extends AppCompatActivity {
    ReentrantLock lock;
    CheckBox locationCheckBox;
    ArrayList<String> requesters;
    ArrayAdapter<String> aa;

    @Override
    protected void onCreate(Bundle savedInstanceState) {
        super.onCreate(savedInstanceState);
```

```
        setContentView(R.layout.activity_main);
        Toolbar toolbar = (Toolbar) findViewById(R.id.toolbar);
        setSupportActionBar(toolbar);

        FloatingActionButton fab = (FloatingActionButton) findViewById(R.id.fab);
        fab.setOnClickListener(new View.OnClickListener() {
            @Override
            public void onClick(View view) {
                Snackbar.make(view, "Replace with your own action", Snackbar.LENGTH_LONG)
                        .setAction("Action", null).show();
            }
        });

        lock = new ReentrantLock();
        requesters = new ArrayList<>();
        wireUpControls();
    }

    private void wireUpControls() {
        locationCheckBox = (CheckBox) findViewById(R.id.checkboxSendLocation);
        ListView myListView = (ListView) findViewById(R.id.myListView);
        int layoutID = android.R.layout.simple_list_item_1;
        aa = new ArrayAdapter<>(this, layoutID, requesters);
        myListView.setAdapter(aa);
        Button okButton = (Button) findViewById(R.id.okButton);
        okButton.setOnClickListener(new View.OnClickListener() {
            public void onClick(View view) {
                respond(true, locationCheckBox.isChecked());
            }
        });

        Button notOkButton = (Button) findViewById(R.id.notOkButton);
        notOkButton.setOnClickListener(new View.OnClickListener() {
            public void onClick(View view) {
                respond(false, locationCheckBox.isChecked());
            }
        });

        Button autoResponderButton =
                (Button) findViewById(R.id.autoResponder);
        autoResponderButton.setOnClickListener(new View.OnClickListener() {
            public void onClick(View view) {
                startAutoResponder();
            }
        });
    }

    public static final String SENT_SMS = "com.ttt.smsmms.SMS_SENT";

    public void respond(boolean ok, boolean includeLocation) {
        String okString = getString(R.string.allClearText);
        String notOkString = getString(R.string.maydayText);
        String outString = ok ? okString : notOkString;
```

```
    ArrayList<String> requestersCopy = (ArrayList<String>) requesters.clone();
    for (String to : requestersCopy)
        respond(to, outString, includeLocation);
}

private void respond(String to, String response, boolean includeLocation) {

    lock.lock();
    requesters.remove(to);
    aa.notifyDataSetChanged();
    lock.unlock();
    SmsManager sms = SmsManager.getDefault();

    sms.sendTextMessage(to, null, response, null, null);
    StringBuilder sb = new StringBuilder();

    if (includeLocation) {
        String ls = Context.LOCATION_SERVICE;
        LocationManager lm = (LocationManager) getSystemService(ls);
        Location l = null;
        try {
            l = lm.getLastKnownLocation(LocationManager.GPS_PROVIDER);
        }
        catch (SecurityException se) {
            se.printStackTrace();
        }

        if (l == null)
            sb.Append("Location unknown.");
        else {
            sb.Append("I'm @:\n");
            sb.Append(l.toString() + "\n");
            List<Address> addresses;
            Geocoder g = new Geocoder(getApplicationContext(),
                    Locale.getDefault());
            try {
                addresses = g.getFromLocation(l.getLatitude(),l.getLongitude(), 1);
                if (addresses != null) {
                    Address currentAddress = addresses.get(0);
                    if (currentAddress.getMaxAddressLineIndex() > 0) {
                        for (int i = 0;
                             i < currentAddress.getMaxAddressLineIndex();
                             i++) {
                            sb.Append(currentAddress.getAddressLine(i));
                            sb.Append("\n");
                        }
                    } else {
                        if (currentAddress.getPostalCode() != null)
                            sb.Append(currentAddress.getPostalCode());
                    }
                }
            } catch (IOException e) {
                Log.e("SMS_RESPONDER", "IO Exception.", e);
```

```
            }
            ArrayList<String> locationMsgs = sms.divideMessage(sb.toString());
            for (String locationMsg : locationMsgs)
                sms.sendTextMessage(to, null, locationMsg, null, null);
        }
    }

    Intent intent = new Intent(SENT_SMS);
    intent.putExtra("recipient", to);
    PendingIntent sentPI = PendingIntent.getBroadcast(getApplicationContext(), 0,
intent, 0);
    sms.sendTextMessage(to, null, response, sentPI, null);
}

private BroadcastReceiver attemptedDeliveryReceiver = new BroadcastReceiver() {
    @Override
    public void onReceive(Context _context, Intent _intent) {
        if (_intent.getAction().equals(SENT_SMS)) {
            if (getResultCode() != AppCompatActivity.RESULT_OK) {
                String recipient = _intent.getStringExtra("recipient");
                requestReceived(recipient);
            }
        }
    }
};

private void startAutoResponder() {
}

public static final String SMS_RECEIVED = "android.provider.Telephony.SMS_RECEIVED";
BroadcastReceiver emergencyResponseRequestReceiver = new BroadcastReceiver() {
    @Override
    public void onReceive(Context context, Intent intent) {
        if (intent.getAction().equals(SMS_RECEIVED)) {
            String queryString = getString(R.string.querystring).toLowerCase();
            Bundle bundle = intent.getExtras();
            if (bundle != null) {
                Object[] pdus = (Object[]) bundle.get("pdus");
                SmsMessage[] messages = new SmsMessage[pdus.length];
                for (int i = 0; i < pdus.length; i++)
                    messages[i] =
                            SmsMessage.createFromPdu((byte[]) pdus[i]);
                for (SmsMessage message : messages) {
                    if (message.getMessageBody().toLowerCase().contains
                            (queryString))
                        requestReceived(message.getOriginatingAddress());
                }
            }
        }
    }
};

public void requestReceived(String from) {
```

```
        if (!requesters.contains(from)) {
            lock.lock();
            requesters.add(from);
            aa.notifyDataSetChanged();
            lock.unlock();
        }
    }

    @Override
    public void onResume() {
        super.onResume();
        IntentFilter filter = new IntentFilter(SMS_RECEIVED);
        registerReceiver(emergencyResponseRequestReceiver, filter);

        IntentFilter attemptedDeliveryfilter = new IntentFilter(SENT_SMS);
        registerReceiver(attemptedDeliveryReceiver,
                attemptedDeliveryfilter);
    }

    @Override
    public void onPause() {
        super.onPause();
        unregisterReceiver(emergencyResponseRequestReceiver);
        unregisterReceiver(attemptedDeliveryReceiver);
    }
}
```

AndroidManifest.xml 文件内容如下：

```
<?xml version="1.0" encoding="utf-8"?>
<manifest xmlns:android="http://schemas.android.com/apk/res/android"
    package="com.ttt.smsmms">

    <uses-permission android:name="android.permission.RECEIVE_SMS"/>
    <uses-permission android:name="android.permission.SEND_SMS"/>
    <uses-permission android:name="android.permission.ACCESS_FINE_LOCATION"/>

    <Application
        android:allowBackup="true"
        android:icon="@mipmap/ic_launcher"
        android:label="@string/App_name"
        android:supportsRtl="true"
        android:theme="@style/AppTheme">
        <activity
            android:name=".MainActivity"
            android:label="@string/App_name"
            android:theme="@style/AppTheme.NoActionBar">
            <intent-filter>
                <action android:name="android.intent.action.MAIN" />

                <category android:name="android.intent.category.LAUNCHER" />
            </intent-filter>
        </activity>
    </Application>

</manifest>
```

第 12 章

Android NDK 开发入门

我们知道，Android App 是基于 Java 开发的，而运行 Java 代码需要一个 Java 虚拟机，因此，与直接在操作系统上运行的代码相比，Java 代码的运行效率较低。为了解决这个问题和满足高效运行代码的要求，Android 提供了可在 Android 程序中直接运行机器代码的接口，即 JNI。

JNI 是 Java 语言提供的 Java 和 C/C++相互沟通的机制，Java 可以通过 JNI 调用本地的 C/C++代码，本地的 C/C++的代码也可以通过 JNI 调用 Java 代码。JNI 是本地编程接口，是 Java 和 C/C++交互的接口。Java 通过 JNI 调用 C/C++代码的一个关键原因在于 C/C++代码具有高效性。一般在有如下需要时，可以使用 JNI。

（1）对处理速度有要求。

Java 代码执行速度比本地代码（C/C++）执行速度慢，如果对程序的执行速度有较高要求，可以考虑使用 C/C++编写代码，然后再通过 Java 代码调用基于 C/C++编写的部分。

（2）硬件控制。

由于 Java 运行在虚拟机中，和真实运行的物理硬件之间是相互隔离的，通常我们使用本地代码 C 语言实现对硬件驱动的控制，然后再通过 Java 代码调用本地硬件控制代码。

（3）复用本地代码。

如果程序的处理逻辑已经由本地代码实现并封装成了库，就不必再重新使用 Java 代码实现一次，直接复用本地代码，既提高了编程效率，又确保了程序的安全性。

NDK 是一系列工具的集合。它提供了一系列工具，以帮助开发者快速开发 C（或 C++）的动态库，并能自动将 so 文件和 Java 应用一起打包成 apk。这些工具对开发者有巨大的帮助。NDK 集成了交叉编译器，并提供了相应的 mk 文件来屏蔽 CPU、平台、ABI 等差异，开发人员只需要简单修改 mk 文件（指出“哪些文件需要编译”“编译特性要求”等），就可以创建 so 文件了。NDK 可以自动将 so 文件和 Java 应用一起打包，极大地减轻了开发人员的打包工作。

12.1 建立 NDK 开发环境

在使用 NDK 开发 Java 代码访问 C 代码之前，需要配置 Android Studio 开发环境，使之可以方便地进行 NDK 开发。编译和调试本地代码需要的组件如下所示。

（1）NDK：Native Development Kit，是实现在 Android 上使用 C 和 C++代码的工具集。

（2）CMake：外部构建工具。

（3）LLDB：在 Android Studio 上调试本地代码的工具。

可以使用 SDK 管理器安装上述组件，其流程如下。

（1）在 Android Studio 中打开 SDK 管理器。

（2）单击“SDK Tools”选项卡，并分别勾选“CMake”“LLDB”“NDK”复选框，如图 12-1 所示。

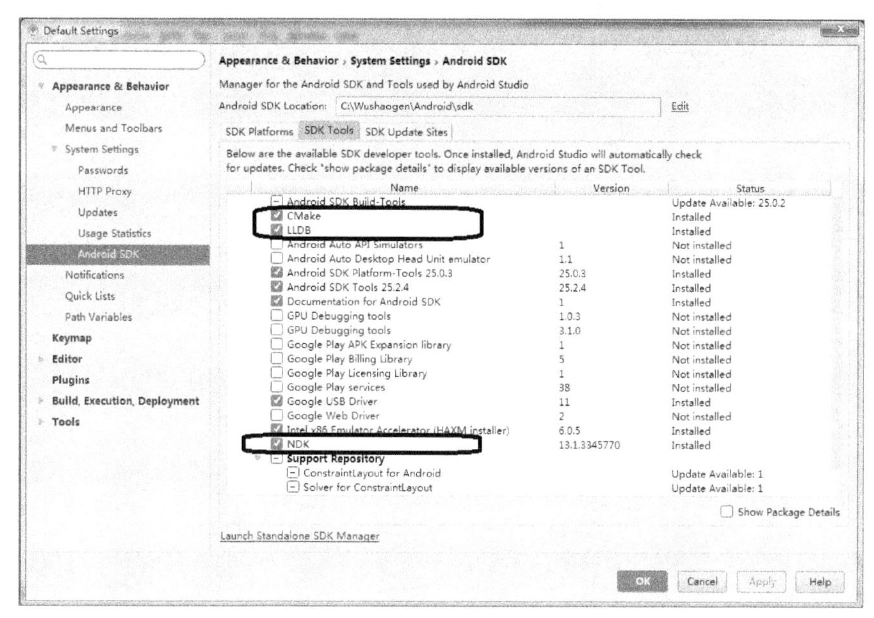

图 12-1　NDK 开发支持工具

（3）单击“Apply”按钮开始下载安装。

（4）当安装完成后，分别单击“Finish”→“OK”按钮即可。

12.2　构建第一个支持 NDK 的 Android 工程

建立了 NDK 开发环境，就可以建立一个支持 NDK 开发的 Android 工程。为此，在 Android Studio 中新建一个 Android 工程，注意，一定要勾选“Include C++ Support”复选框，如图 12-2 所示。

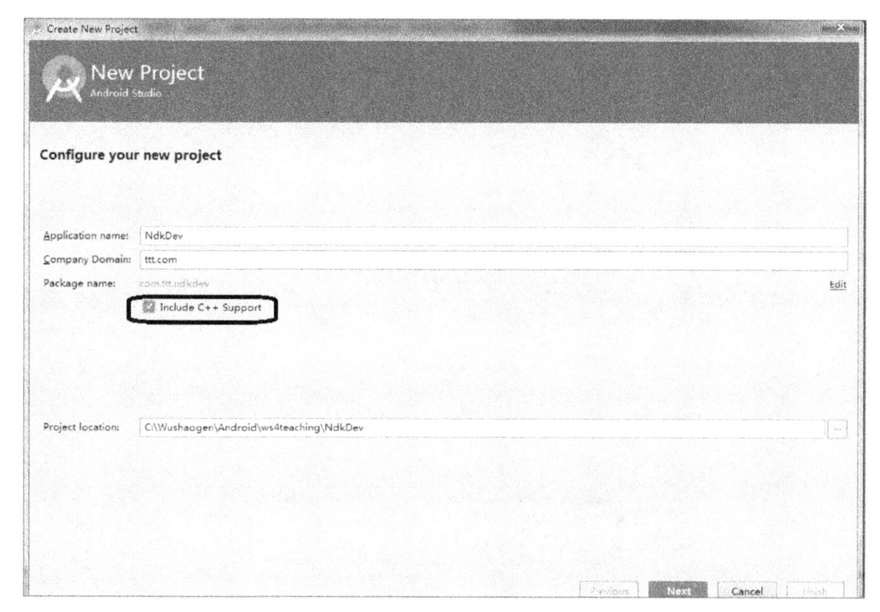

图 12-2　勾选“Include C++ Support”复选框

多次单击“Next”按钮，进入如图 12-3 所示界面。

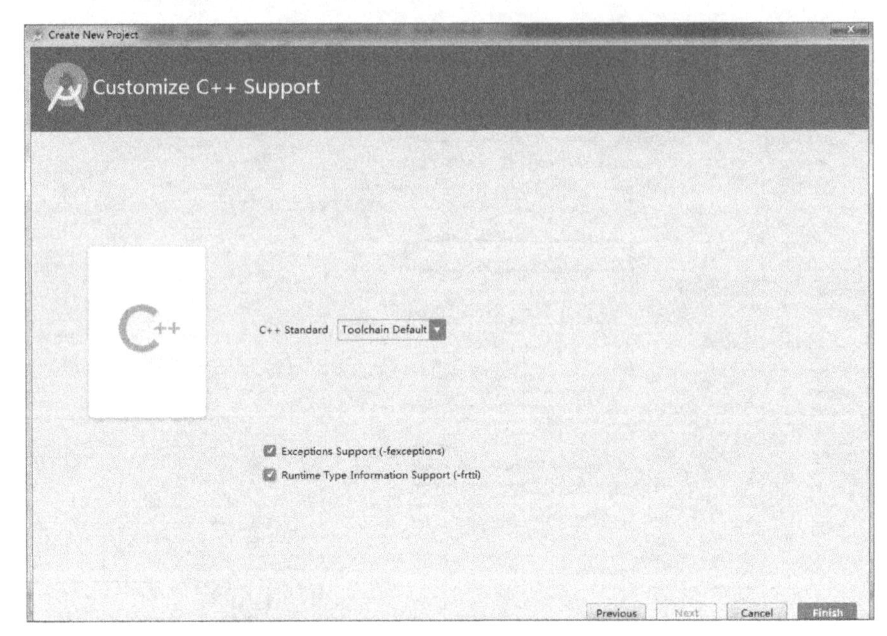

图 12-3　Customize C++ Support 选项界面

图 12-3 所示界面，包括如下选项。

（1）C++ Standard：单击下拉框，可以选择标准 C++，或者选择默认 CMake 设置的 Toolchain Default 选项。

（2）Exceptions Support（-fexceptions）：如果想使用有关 C++异常处理支持，那么就勾选该复选框。勾选后，Android Studio 会在 module 层的 build.gradle 文件的 cppFlags 中添加 -fexceptions 标志。

（3）Runtime Type Information Support（-frtti）：如果想支持 RTTI，那么就勾选该复选框。勾选之后，Android Studio 会在 module 层的 build.gradle 文件的 cppFlags 中添加-frtti 标志。

最后单击“Finish”按钮，完成支持 NDK 开发的项目构建。

当 Android Studio 完成新项目创建后，打开 Project 面板，选择 Android 视图。Android Studio 会添加 cpp 和 External Build Files 目录，包含 NDK 开发的 Android 工程结构如图 12-4 所示。

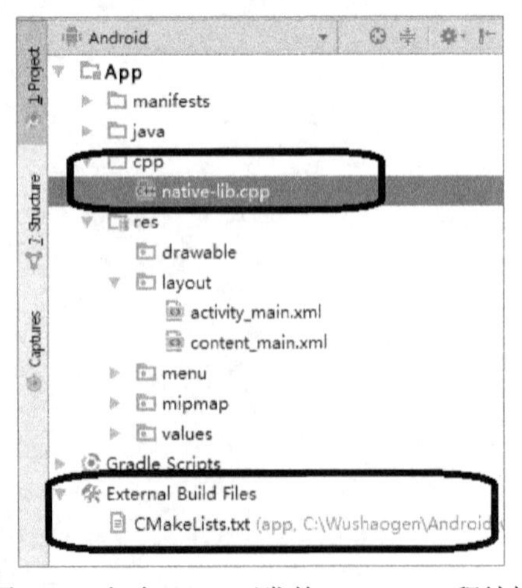

图 12-4　包含 NDK 开发的 Android 工程结构

（1）cpp 目录：存放所有本地代码的地方，包括源码、头文件、预编译项目等。对于新项目，Android Studio 创建了一个 C++模板文件，即 native-lib.cpp，并且将该文件放到了 App 模块的 cpp 目录下。这份模板代码提供了一个简单的 C++函数 stringFromJNI()，该函数可返回一个“Hello from C++”字符串。

（2）External Build Files 目录：存放 CMake 或 ndk-build 构建脚本的地方。类似于 build.gradle 文件告诉 Gradle 如何编译 App，CMake 和 ndk-build 也需要一个脚本来告知编译器如何编译 native library。对于一个新的项目，Android Studio 创建了一个 CMake 脚本，即 CMakeLists.txt，并且将其放到 module 的根目录下。

运行这个包含 NDK 的 Android 程序，显示如图 12-5 所示运行结果。

图 12-5 包含 NDK 的 Android 程序运行结果

其中“Hello from C++”是通过调用 C++代码从 C 语言程序中获取的一个字符串。现在来看看这个包含 NDK 工程的主要代码。

（1）MainActivity.java 代码：

```
import android.os.Bundle;
import android.widget.TextView;
import android.support.design.widget.FloatingActionButton;
import android.support.design.widget.Snackbar;
import android.support.v7.App.AppCompatActivity;
import android.support.v7.widget.Toolbar;
import android.view.View;
import android.view.Menu;
import android.view.MenuItem;

public class MainActivity extends AppCompatActivity {
    // 使用 loadLibrary 方法加载 'native-lib' 库
    static {
        System.loadLibrary("native-lib");
    }

    @Override
    protected void onCreate(Bundle savedInstanceState) {
        super.onCreate(savedInstanceState);
        setContentView(R.layout.activity_main);
        Toolbar toolbar = (Toolbar) findViewById(R.id.toolbar);
        setSupportActionBar(toolbar);

        FloatingActionButton fab = (FloatingActionButton) findViewById(R.id.fab);
        fab.setOnClickListener(new View.OnClickListener() {
            @Override
            public void onClick(View view) {
                Snackbar.make(view, "Replace with your own action",
```

```
                    Snackbar.LENGTH_LONG)
                   .setAction("Action", null).show();
        }
    });

    TextView tv = (TextView) findViewById(R.id.sample_text);
    // 调用本地 C 语言代码
    tv.setText(stringFromJNI());
  }

  /**
   * 声明一个本地函数
   */
  public native String stringFromJNI();
}
```

注意框出的关键代码片段中：

```
  // 使用 loadLibrary 方法加载 'native-lib' 库
  static {
     System.loadLibrary("native-lib");
  }
```

表示要加载一个用 C 语言编写的共享程序库，其名字为 native-lib。

其中

```
tv.setText(stringFromJNI());
```

表示要在一个 TextView 组件中显示一个通过调用 C 语言函数返回的字符串。

其中

```
public native String stringFromJNI();
```

用来声明 stringFromJNI 是一个用 C 语言编写的函数。

因为 stringFromJNI 是一个用 C 语言编写的函数，所以一定有一个 C 语言代码来实现这个函数。在“App/cpp/native-lib.cpp”文件中确实存在这个函数。

（2）native-lib.cpp 代码如下：

```
#include <jni.h>
#include <string>

extern "C"
jstring
Java_com_ttt_ndkdev_MainActivity_stringFromJNI(
        JNIEnv *env,
        jobject /* this */) {
    std::string hello = "Hello from C++";
    return env->NewStringUTF(hello.c_str());
}
```

Android 从编译到运行包含 NDK 的 App 的流程可简单归纳为如下几步。

（1）Gradle 调用外部构建脚本，也就是 CMakeLists.txt；

（2）CMake 会根据构建脚本的指令编译 C++源文件，即 native-lib.cpp，并将编译后的产物放进共享对象库，并将其命名为 libnative-lib.so，然后 Gradle 将其打包到 APK 中；

（3）在运行期间，App 的 MainActivity 会调用 System.loadLibrary()方法，加载 native library，

这个库的原生函数，即 stringFromJNI()，就可以被 App 使用了；

（4）MainActivity.onCreate()方法调用 stringFromJNI()，然后返回“Hello from C++”，并更新 TextView 显示的内容。

通过下述方式可以验证一个原生的 C 语言库被打包到 APK 中的结论。在 Android Studio 中，单击“Build”→“Analyze APK”命令，即可看到生成的 APK 结构和内容，如图 12-6 所示。

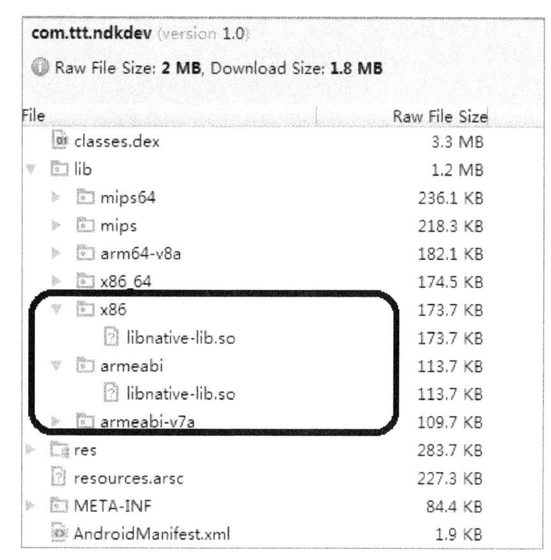

图 12-6　生成的包含 NDK 的 APK 内容和结构

12.3　编写自己的 C 语言函数

现在我们可以在第一个例子工程的基础上编写自己的 C 语言函数，并可以在 Java 代码中调用这个函数。修改 MainActivity.java 代码，在其中添加一个调用 addTwo(int a, int b)的 C 语言函数，使这个函数完成两个整数的相加并返回该值。修改后的 MainActivity.java 代码如下：

```
import android.os.Bundle;
import android.widget.TextView;
import android.support.design.widget.FloatingActionButton;
import android.support.design.widget.Snackbar;
import android.support.v7.App.AppCompatActivity;
import android.support.v7.widget.Toolbar;
import android.view.View;
import android.view.Menu;
import android.view.MenuItem;

public class MainActivity extends AppCompatActivity {

    static {
        System.loadLibrary("native-lib");
    }

    @Override
    protected void onCreate(Bundle savedInstanceState) {
        super.onCreate(savedInstanceState);
```

```
        setContentView(R.layout.activity_main);
        Toolbar toolbar = (Toolbar) findViewById(R.id.toolbar);
        setSupportActionBar(toolbar);

        FloatingActionButton fab = (FloatingActionButton) findViewById(R.id.fab);
        fab.setOnClickListener(new View.OnClickListener() {
            @Override
            public void onClick(View view) {
                Snackbar.make(view, "Replace with your own action",
                        Snackbar.LENGTH_LONG)
                        .setAction("Action", null).show();
            }
        });
        TextView tv = (TextView) findViewById(R.id.sample_text);
        tv.setText(stringFromJNI());

        int c = addTwo(100, 200);
        tv.setText(""+c);
    }

    public native String stringFromJNI();
    public native int addTwo(int a, int b);
}
```

注意其中：

```
        int c = addTwo(100, 200);
        tv.setText(""+c);
```

我们调用 C 语言编写的函数完成两个整数的相加并将结果显示在 TextView 组件上。

声明 addTwo 是一个原生的 C 语言的代码如下所示：

```
    public native int addTwo(int a, int b);
```

除此之外，我们还需要在 C 语言中实现这个函数，为此，修改 native-lib.cpp 代码如下：

```
#include <jni.h>
#include <string>

extern "C"
jstring
Java_com_ttt_ndkdev_MainActivity_stringFromJNI(
        JNIEnv *env,
        jobject /* this */) {
    std::string hello = "Hello from C++";
    return env->NewStringUTF(hello.c_str());
}

extern "C"
jint
Java_com_ttt_ndkdev_MainActivity_addTwo(
        JNIEnv *env,
        jobject /* this */,
        jint a, jint b) {
    return (a+b);
}
```

在其中增加了 addTwo 函数的实现。

运行这个程序，显示如图 12-7 所示结果。

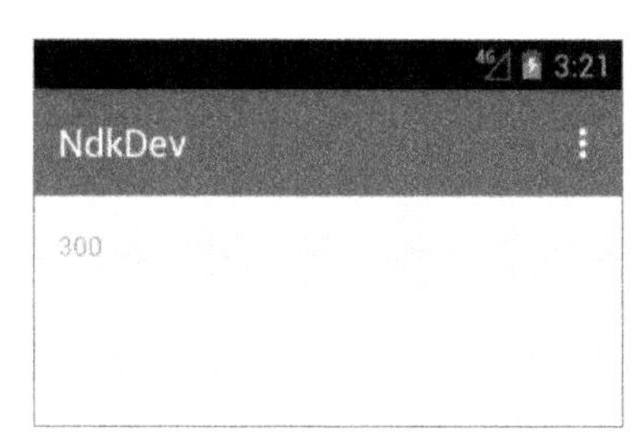

图 12-7 显示两个整数和的例子

12.4 新建一个 C++程序

我们可以在已有的 Android CPP 文件中添加新的 Native 函数，也可以创建新的 CPP 文件。为此，在 Android 工程视图中右击“cpp”文件夹，选择“New”选项，再选择“C/C++ Source File”选项，如图 12-8 所示。

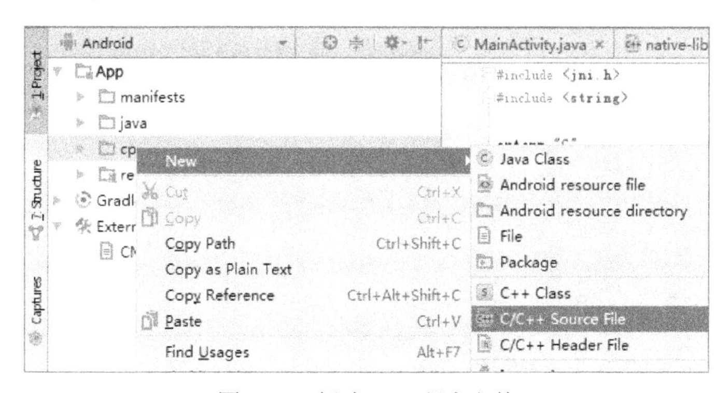

图 12-8 新建 CPP 程序文件

在打开的对话框中填写 mylib，选择 cpp，并勾选“Create an Associated Header”。在生成的 mylib.cpp 文件中输入如下代码：

```
#include <jni.h>
#include <string>
#include "mylib.h"

extern "C"
jstring
Java_com_ttt_ndkdev_MainActivity_getFromCPlusPlus(
        JNIEnv *env,
        jobject /* this */) {
    std::string hello = "Hello from C++++++";
    return env->NewStringUTF(hello.c_str());
}
```

在 mylib.h 文件中输入如下代码：

```
#ifndef NDKDEV_MYLIB_H
#define NDKDEV_MYLIB_H
```

```
struct Student {
    char name[40];
    char id[40];
    float salary;
    int age;
    char addr[200];
};

#endif //NDKDEV_MYLIB_H
```

然后修改“External Build Files”下的“CMakeLists.xml”文件，内容如下：

```
# Sets the minimum version of CMake required to build the native
# library. You should either keep the default value or only pass a
# value of 3.4.0 or lower.

cmake_minimum_required(VERSION 3.4.1)

# Creates and names a library, sets it as either STATIC
# or SHARED, and provides the relative paths to its source code.
# You can define multiple libraries, and CMake builds it for you.
# Gradle automatically packages shared libraries with your APK.

add_library( # Sets the name of the library.
             native-lib

             # Sets the library as a shared library.
             SHARED

             # Provides a relative path to your source file(s).
             # Associated headers in the same location as their source
             # file are automatically included.
             src/main/cpp/native-lib.cpp )

add_library( # Sets the name of the library.
             mylib

             # Sets the library as a shared library.
             SHARED

             # Provides a relative path to your source file(s).
             # Associated headers in the same location as their source
             # file are automatically included.
             src/main/cpp/mylib.cpp )

include_directories(src/main/cpp/)

# Searches for a specified prebuilt library and stores the path as a
# variable. Because system libraries are included in the search path by
# default, you only need to specify the name of the public NDK library
# you want to add. CMake verifies that the library exists before
# completing its build.

find_library( # Sets the name of the path variable.
```

```
          log-lib

          # Specifies the name of the NDK library that
          # you want CMake to locate.
          log )

# Specifies libraries CMake should link to your target library. You
# can link multiple libraries, such as libraries you define in the
# build script, prebuilt third-party libraries, or system libraries.

target_link_libraries( # Specifies the target library.
                    native-lib

                    # Links the target library to the log library
                    # included in the NDK.
                    ${log-lib} )
```

最后，修改 MainActivity.java 文件，内容如下：

```
import android.os.Bundle;
import android.widget.TextView;
import android.support.design.widget.FloatingActionButton;
import android.support.design.widget.Snackbar;
import android.support.v7.App.AppCompatActivity;
import android.support.v7.widget.Toolbar;
import android.view.View;
import android.view.Menu;
import android.view.MenuItem;

public class MainActivity extends AppCompatActivity {
   static {
      System.loadLibrary("native-lib");
      System.loadLibrary("mylib");
   }

   @Override
   protected void onCreate(Bundle savedInstanceState) {
      super.onCreate(savedInstanceState);
      setContentView(R.layout.activity_main);
      Toolbar toolbar = (Toolbar) findViewById(R.id.toolbar);
      setSupportActionBar(toolbar);

      FloatingActionButton fab = (FloatingActionButton) findViewById(R.id.fab);
      fab.setOnClickListener(new View.OnClickListener() {
         @Override
         public void onClick(View view) {
            Snackbar.make(view, "Replace with your own action",
                     Snackbar.LENGTH_LONG)
                    .setAction("Action", null).show();
         }
      });
      TextView tv = (TextView) findViewById(R.id.sample_text);
      tv.setText(stringFromJNI());
```

```
        int c = addTwo(100, 200);
        tv.setText(""+c);
        tv.setText(getFromCPlusPlus());
    }
    public native String stringFromJNI();
    public native int addTwo(int a, int b);
    public native String getFromCPlusPlus();
}
```

12.5 关于 NDK 开发的后记

Android 的 NDK 开发是一项相对复杂的工作，开发人员需要了解 Java，还需要熟悉 C/C++。本章只简单说明了在 Java 中可以访问 C 语言代码，要进行实际的开发项目，还需大量学习。特别是对 Java JNI 机制的学习，如有需要，可以在网上查找关于 JNI 的详细介绍资料。

第 13 章

Android 游戏开发实例

Android 实在太庞大了，我们以一个小游戏的运行和源代码的解析来结束本课程。这是一个测试反应速度的游戏，游戏运行界面如图 13-1 所示。

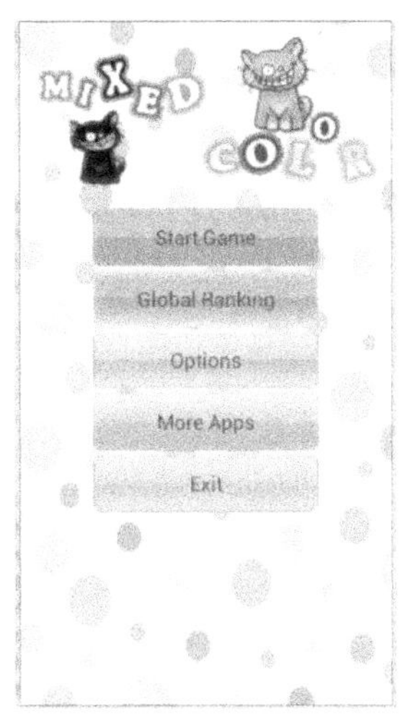

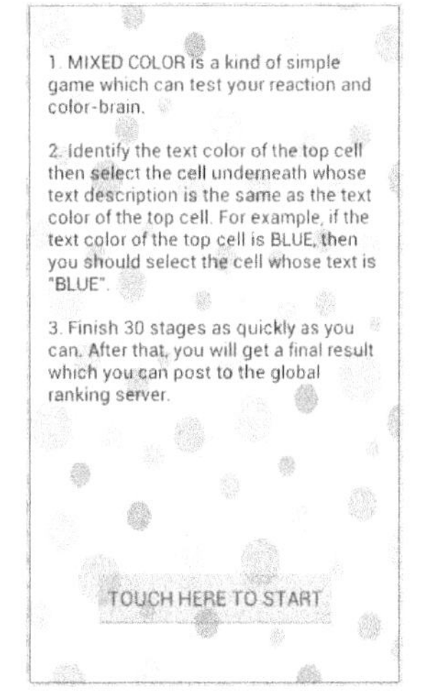

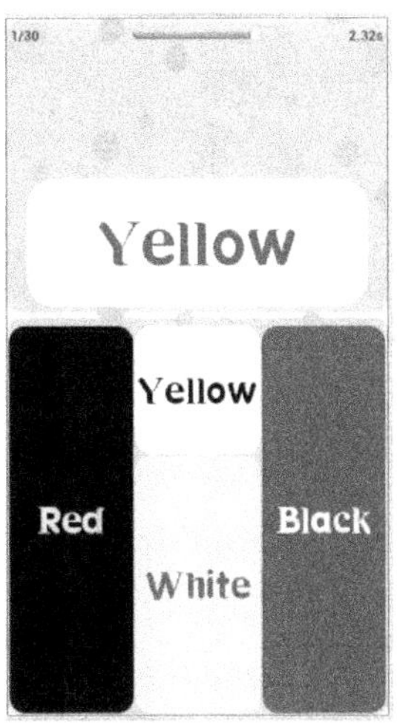

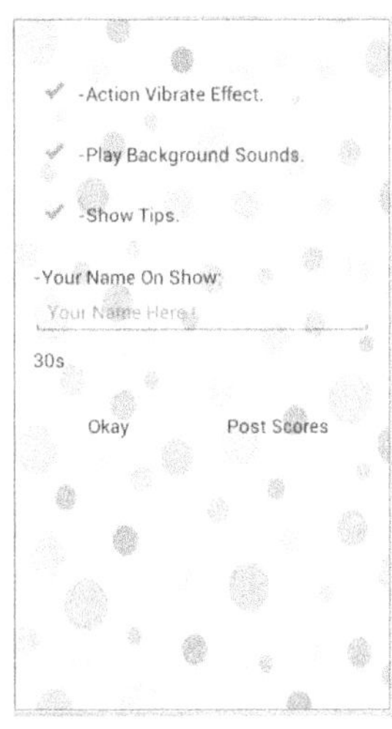

图 13-1　游戏运行界面

在游戏界面中，根据上半部分出现的颜色值，从下半部分内容中选择与上半部分给出颜色值一致的颜色，选择正确则得分。

13.1 工程结构

建立程序工程，并将需要的资源加到工程中，这个工程有一定的规模，涉及多个资源和 Java 源代码文件，程序工程结构如图 13-2 所示。

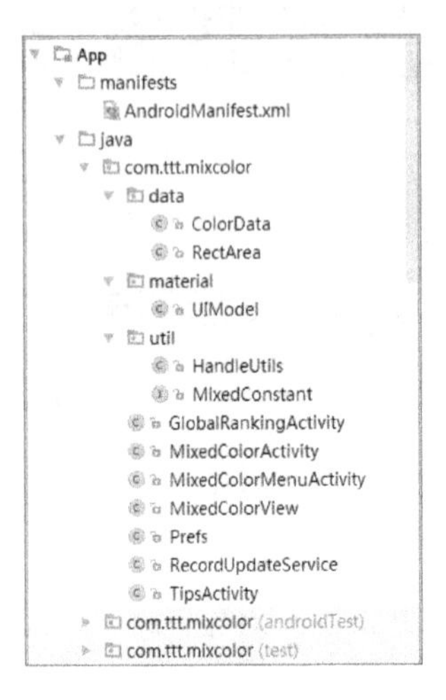

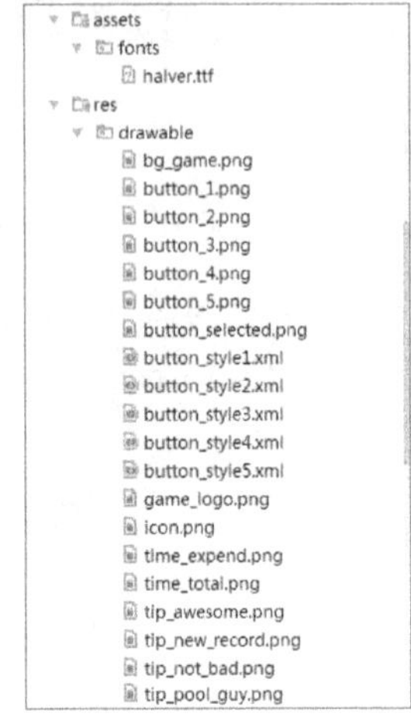

图 13-2　程序工程结构

13.2 如何阅读这个游戏程序

有两种途径可提高程序设计能力：①看书学习，然后自己写代码；②阅读有水平的代码，并改写。想要读懂别人的程序，确实不易，需要一定的技巧。

从这个游戏程序的工程结构可以看出，这个游戏程序具有一定规模。如何阅读这个程序呢？没有捷径。对于 Android 程序，我们可以先从 AndroidManifest.xml 入手，找到入口 Activity 来开始阅读。这个游戏程序的 AndroidManifest.xml 文件内容如下：

```
<?xml version="1.0" encoding="utf-8"?>
<manifest xmlns:android="http://schemas.android.com/apk/res/android"
   package="com.ttt.mixcolor">

   <uses-permission android:name="android.permission.VIBRATE"/>
   <uses-permission android:name="android.permission.READ_PHONE_STATE"/>
   <uses-permission android:name="android.permission.INTERNET" />

   <Application
      android:allowBackup="true"
      android:icon="@drawable/icon"
      android:label="@string/App_name">

      <activity
         android:name=".MixedColorMenuActivity"
         android:configChanges="keyboardHidden|orientation"
         android:label="@string/App_name"
         android:screenOrientation="portrait">
         <intent-filter>
```

```
            <action android:name="android.intent.action.MAIN" />
            <category android:name="android.intent.category.LAUNCHER" />
        </intent-filter>
    </activity>

    <activity
        android:name=".MixedColorActivity"
        android:configChanges="keyboardHidden|orientation"
        android:label="@string/App_name"
        android:screenOrientation="portrait">
    </activity>

    <activity
        android:name=".Prefs"
        android:configChanges="keyboardHidden|orientation"
        android:screenOrientation="portrait"
        android:windowSoftInputMode="stateHidden|adjustResize">
    </activity>

    <activity
        android:name=".GlobalRankingActivity"
        android:configChanges="keyboardHidden|orientation"
        android:label="@string/global_ranking"
        android:screenOrientation="portrait">
    </activity>

    <activity
        android:name=".TipsActivity"
        android:configChanges="keyboardHidden|orientation"
        android:screenOrientation="portrait"
        android:windowSoftInputMode="stateHidden|adjustResize">
    </activity>

    <service android:name=".RecordUpdateService">
    </service>
    <meta-data
        android:name="ADMOB_PUBLISHER_ID"
        android:value="a14bade2530b75f" />
  </Application>

</manifest>
```

从上述代码可以看出，这个游戏程序的入口 Activity 为 MixedColorMenuActivity，打开这个 Java 类，内容如下：

```
import com.ttt.mixcolor.util.MixedConstant;

import android.App.Activity;
import android.content.ComponentName;
import android.content.Context;
import android.content.Intent;
import android.content.ServiceConnection;
import android.content.SharedPreferences;
import android.net.Uri;
```

```
import android.os.Bundle;
import android.os.IBinder;
import android.view.View;
import android.view.Window;
import android.view.WindowManager;
import android.view.View.OnClickListener;
import android.widget.Button;

public class MixedColorMenuActivity extends Activity implements OnClickListener {
   private SharedPreferences mBaseSettings;

   @Override
   public void onCreate(Bundle savedInstanceState) {
      super.onCreate(savedInstanceState);

      requestWindowFeature(Window.FEATURE_NO_TITLE);
      getWindow().setFlags(WindowManager.LayoutParams.FLAG_KEEP_SCREEN_ON,
               WindowManager.LayoutParams.FLAG_KEEP_SCREEN_ON);
      getWindow().setFlags(WindowManager.LayoutParams.FLAG_FULLSCREEN,
               WindowManager.LayoutParams.FLAG_FULLSCREEN);
      setContentView(R.layout.main);

      Button startButton = (Button) findViewById(R.id.start_game);
      startButton.setOnClickListener(this);

      Button scoreBoardButton = (Button) findViewById(R.id.score_board);
      scoreBoardButton.setOnClickListener(this);

      Button goProButton = (Button) findViewById(R.id.more_App);
      goProButton.setOnClickListener(this);

      Button optionButton = (Button) findViewById(R.id.options);
      optionButton.setOnClickListener(this);

      Button exitButton = (Button) findViewById(R.id.exit);
      exitButton.setOnClickListener(this);

      Intent bindIntent = new Intent(this, RecordUpdateService.class);
      bindService(bindIntent, mConnection, Context.BIND_AUTO_CREATE);

      mBaseSettings = getSharedPreferences(
               MixedConstant.PREFERENCE_MIXEDCOLOR_BASE_INFO, 0);
   }

   @Override
   public void finish() {
      this.unbindService(mConnection);
      super.finish();
   }

   @Override
   public void onClick(View v) {
      Intent i = null;
```

```
        switch (v.getId()) {
        case R.id.start_game:
            if (mBaseSettings.getBoolean(
                            MixedConstant.PREFERENCE_KEY_SHOWTIPS, true)) {
                i = new Intent(this, TipsActivity.class);
            } else {
                i = new Intent(this, MixedColorActivity.class);
            }
            break;

        case R.id.options:
            i = new Intent(this, Prefs.class);
            break;

        case R.id.score_board:
            i = new Intent(this, GlobalRankingActivity.class);
            break;

        case R.id.more_App:
            i = new Intent(Intent.ACTION_VIEW, Uri
                    .parse("market://search?q=pub:\"void1898\""));
            break;

        case R.id.exit:
            finish();
            return;
        }
        if (i != null) {
            startActivity(i);
        }
    }

    private ServiceConnection mConnection = new ServiceConnection() {
        public void onServiceConnected(ComponentName className, IBinder service) {
        }

        public void onServiceDisconnected(ComponentName className) {
        }
    };
}
```

在这个 Activity 中，通过点击不同的按钮，进入不同的 Activity 界面。其中主要的游戏界面 Activity 为 MixedColorActivity。打开 MixedColorActivity 及其对应的布局文件 mixed_color.xml。MixedColorActivity.java 文件内容如下：

```
import android.App.Activity;
import android.os.Bundle;
import android.view.Window;
import android.view.WindowManager;

public class MixedColorActivity extends Activity {
    @Override
    public void onCreate(Bundle savedInstanceState) {
```

```
        super.onCreate(savedInstanceState);

        requestWindowFeature(Window.FEATURE_NO_TITLE);
        getWindow().setFlags(WindowManager.LayoutParams.FLAG_KEEP_SCREEN_ON,
                WindowManager.LayoutParams.FLAG_KEEP_SCREEN_ON);
        getWindow().setFlags(WindowManager.LayoutParams.FLAG_FULLSCREEN,
                WindowManager.LayoutParams.FLAG_FULLSCREEN);

        setContentView(R.layout.mixed_color);
    }
}
```

这个 Activity 的代码非常简单，其对应的布局文件 mixed_color.xml 内容如下：

```
<?xml version="1.0" encoding="utf-8"?>
<FrameLayout xmlns:android="http://schemas.android.com/apk/res/android"
    xmlns:admobsdk="http://schemas.android.com/apk/res-auto"
    android:layout_width="match_parent"
    android:layout_height="match_parent"
    android:orientation="vertical">

    <com.ttt.mixcolor.MixedColorView
        android:id="@+id/mixed_color"
        android:layout_width="match_parent"
        android:layout_height="match_parent" />

</FrameLayout>
```

布局文件也非常简单。重点全在自定义的组件 MixedColorView 中，其内容如下：

```
public class MixedColorView extends SurfaceView implements SurfaceHolder.Callback {
    private static final String HANDLE_MESSAGE_FINAL_RECORD = "1";

    private Context mContext;
    private Handler mHandler;

    private MixedThread mUIThread;

    private Drawable mTimeTotalImage;
    private Drawable mTimeExpendImage;
    private Bitmap mBgImage;
    private RectArea mPaintArea;
    private boolean mVibratorFlag;
    private boolean mSoundsFlag;
    private Vibrator mVibrator;
    private SoundPool soundPool;
    private HashMap<Integer, Integer> soundPoolMap;
    private Map<Integer, Paint> colorBgMap;
    private Map<Integer, String> colorTextMap;
    private Map<Integer, Integer> textColorMap;
    private Paint mSrcPaint;
    private Paint mTarPaint;
    private Paint mGameMsgRightPaint;
    private Paint mGameMsgLeftPaint;
```

```
    private Typeface mDataTypeface;

    public MixedColorView(Context context, AttributeSet attrs) {
        super(context, attrs);

        mContext = context;
        SurfaceHolder holder = getHolder();
        holder.addCallback(this);

        mHandler = new Handler(new Handler.Callback() {
            @Override
            public boolean handleMessage(Message m) {
                    //此处省略部分代码
                    final AlertDialog dialog =
                            new AlertDialog.Builder(mContext).setView(dialogView).create();
                    if (recordRefreshed) {
                        dialog.setIcon(R.drawable.tip_new_record);
                        dialog.setTitle(R.string.gameover_dialog_text_newrecord);
                    } else {
                        if (curRecord > 10) {
                            dialog.setIcon(R.drawable.tip_pool_guy);
                            dialog.setTitle(R.string.gameover_dialog_text_poolguy);
                        } else if (curRecord > 2) {
                            dialog.setIcon(R.drawable.tip_not_bad);
                            dialog.setTitle(R.string.gameover_dialog_text_notbad);
                        } else {
                            dialog.setIcon(R.drawable.tip_awesome);
                            dialog.setTitle(R.string.gameover_dialog_text_awesome);
                        }
                    }
                    dialog.show();
                    dialogView.findViewById(R.id.retry).setOnClickListener(
                        new OnClickListener() {
                            @Override
                            public void onClick(View v) {
                                dialog.dismiss();
                                restartGame();
                            }
                        }
                    );

                    dialogView.findViewById(R.id.post_scores).setOnClickListener(
                        new OnClickListener() {
                            @Override
                            public void onClick(View v) {
                                String userName = null;
                                if (usernameEditText.getText() != null) {
                                    userName =
                               usernameEditText.getText().toString().replace("\n", " ").
trim();
                                }
                                if ((userName != null) && (userName.length()) > 0
                                                 && userName.length() < 20) {
```

```
                        //此处省略部分代码
            );

            dialogView.findViewById(R.id.goback).setOnClickListener(
                new OnClickListener() {
                    @Override
                    public void onClick(View v) {
                        dialog.dismiss();
                        ((MixedColorActivity)mContext).finish();
                    }
                }
            );
            return false;
        }
    });

    initRes();
    mUIThread = new MixedThread(holder, context, mHandler);
    setFocusable(true);
}

@Override
public void surfaceChanged(SurfaceHolder holder, int format, int width,
        int height) {
    mPaintArea = new RectArea(0, 0, width, height);
    mUIThread.initUIModel(mPaintArea);
    mUIThread.setRunning(true);
    mUIThread.start();
}

@Override
public void surfaceCreated(SurfaceHolder holder) {
}

@Override
public void surfaceDestroyed(SurfaceHolder holder) {
    boolean retry = true;
    mUIThread.setRunning(false);
    while (retry) {
        try {
              mUIThread.join();
              retry = false;
        }
        catch (InterruptedException e) {
              Log.d("", "Surface destroy failure:", e);
        }
    }
}

@Override
public boolean onTouchEvent(MotionEvent event) {
    if (event.getAction() == MotionEvent.ACTION_DOWN) {
        mUIThread.checkSelection((int)event.getX(), (int)event.getY());
```

```
        }
        return true;
    }

    public void restartGame() {
        mUIThread = new MixedThread(this.getHolder(), this.getContext(), mHandler);
        mUIThread.initUIModel(mPaintArea);
        mUIThread.setRunning(true);
        mUIThread.start();
    }

    public boolean updateLocalRecord(float record) {
        //此处省略部分代码

        return false;
    }

    @SuppressLint("UseSparseArrays")
    @SuppressWarnings("deprecation")
    private void initRes() {
        //此处省略部分代码

        SharedPreferences baseSettings = mContext.getSharedPreferences(
                MixedConstant.PREFERENCE_MIXEDCOLOR_BASE_INFO, 0);
        mSoundsFlag = baseSettings.getBoolean(
                MixedConstant.PREFERENCE_KEY_SOUNDS, true);
        mVibratorFlag = baseSettings.getBoolean(
                MixedConstant.PREFERENCE_KEY_VIBRATE, true);

        soundPool = new SoundPool(10, AudioManager.STREAM_RING, 5);
        soundPoolMap = new HashMap<>();
        soundPoolMap.put(UIModel.EFFECT_FLAG_MISS,
                          soundPool.load(getContext(), R.raw.miss, 1));
        soundPoolMap.put(UIModel.EFFECT_FLAG_PASS,
                          soundPool.load(getContext(), R.raw.pass, 1));
        soundPoolMap.put(UIModel.EFFECT_FLAG_TIMEOUT,
                          soundPool.load(getContext(), R.raw.timeout, 1));
    }

    private void showToast(int strId) {
        Toast toast = Toast.makeText(mContext, strId, Toast.LENGTH_SHORT);
        toast.setGravity(Gravity.TOP, 0, 220);
        toast.show();
    }

    class MixedThread extends Thread {
        private SurfaceHolder mSurfaceHolder;
        private Context mContext;
        private Handler mHandler;
        private boolean mRun = true;
        private UIModel mUIModel;
        private final Object sync;
```

```
    MixedThread(SurfaceHolder surfaceHolder, Context context, Handler handler) {
        mSurfaceHolder = surfaceHolder;
        mContext = context;
        mHandler = handler;
        sync = new Object();
    }

    @Override
    public void run() {
        while (mRun) {
                Canvas c = null;
                try {
                    mUIModel.updateUIModel();
                    c = mSurfaceHolder.lockCanvas(null);
                    synchronized(sync) {
                        doDraw(c);
                    }
                    handleEffect(mUIModel.getEffectFlag());
                    Thread.sleep(100);
                } catch (Exception e) {
                    Log.d("", "Error at 'run' method", e);
                } finally {
                    if (c != null) {
                        mSurfaceHolder.unlockCanvasAndPost(c);
                    }
                }

                if (mUIModel.getStatus() == UIModel.GAME_STATUS_GAMEOVER) {
                    Message message = new Message();
                    Bundle bundle = new Bundle();
                    bundle.putFloat(MixedColorView.
                            HANDLE_MESSAGE_FINAL_RECORD,
                            mUIModel.getFinalRecord());
                    message.setData(bundle);
                    mHandler.sendMessage(message);
                    mRun = false;
                }
        }
    }

    private void doDraw(Canvas canvas) {
        canvas.drawBitmap(mBgImage, 0, 0, null);

        UIModel uiModel = mUIModel;
        canvas.drawRoundRect(uiModel.getSrcPaintArea(), 15, 15, mSrcPaint);
        canvas.drawRoundRect(uiModel.getTarPaintArea(), 15, 15, mTarPaint);

        //此处省略部分代码
    }

    void initUIModel(RectArea paintArea) {
        if (mUIModel != null) {
                mRun = false;
```

```
            }
            mUIModel = new UIModel(paintArea);
            mBgImage = Bitmap.createScaledBitmap(mBgImage,
                                  paintArea.mMaxX, paintArea.mMaxY, true);
        }

        void checkSelection(int x, int y) {
            mUIModel.checkSelection(x, y);
        }

        private void handleEffect(int effectFlag) {
            if (effectFlag == UIModel.EFFECT_FLAG_NO_EFFECT)
                return;

            if (mSoundsFlag) {
                playSoundEffect(effectFlag);
            }

            if (mVibratorFlag) {
                if (effectFlag == UIModel.EFFECT_FLAG_PASS) {
                    if (mVibrator == null) {
                        mVibrator = (Vibrator)mContext.getSystemService(
                                        Context.VIBRATOR_SERVICE);
                    }
                    mVibrator.vibrate(50);
                }
            }
        }

        private void playSoundEffect(int soundId) {
            //此处省略部分代码
        }

        void setRunning(boolean run) {
            mRun = run;
        }
    }
}
```

与这个自定义组件相关联的用于控制游戏界面逻辑的是另外一个 Java 类——UIModel，该文件内容如下所示：

```
public class UIModel {
    //颜色总个数
    private static final int TOTAL_COLOR_AMOUNT = 9;

    //区域标记符(是否被标记过)
    private static final int FIELD_VIRGIN = 111;
    private static final int FIELD_MARK = 999;

    //游戏属性常量
    //等级总数
    private static final int GAME_ATTRIBUTE_TOTAL_LEVEL = 6;
    //最少颜色数
```

```
private static final int GAME_ATTRIBUTE_LEAST_COLOR = 4;
//总局数
private static final int GAME_ATTRIBUTE_TOTAL_STAGE = 30;
//每局最长持续时间
private static final long GAME_ATTRIBUTE_MAX_TIME_PER_STAGE = 30000;
//每个边格子数
private static final int GAME_ATTRIBUTE_MATRIX_EDGE_GRID_AMOUNT = 3;
//格子总数
private static final int TOTAL_GRID_AMOUNT =
       GAME_ATTRIBUTE_MATRIX_EDGE_GRID_AMOUNT *
       GAME_ATTRIBUTE_MATRIX_EDGE_GRID_AMOUNT;
//游戏状态
private static final int GAME_STATUS_RUNNING = 1;
public static final int GAME_STATUS_GAMEOVER = 2;
//游戏效果标识(用来控制音效和震动的标志)
public static final int EFFECT_FLAG_NO_EFFECT = 0;
public static final int EFFECT_FLAG_PASS = 1;
public static final int EFFECT_FLAG_TIMEOUT = 2;
public static final int EFFECT_FLAG_MISS = 3;

//UI 属性常量
//选择目标格子间的间隔(px)
private static final int UI_ATTRIBUTE_TARGET_CELL_MARGIN = 2;
private static final int UI_ATTRIBUTE_SOURCE_CELL_X_MARGIN = 25;
private static final int UI_ATTRIBUTE_TARGET_PAINT_AREA_MARGIN_TOP = 3;
private static final int UI_ATTRIBUTE_INNER_PADDING_Y = 7;

private Random mRandom = new Random();
private int mGameStatus;
private RectArea mSrcPaintArea;
private RectArea mTarPaintArea;
private RectArea mSrcGrid;
private RectArea[] mTarGrid;
private ColorData mSrcColor;
private List<ColorData> mTarColor = new ArrayList<>();
private int mEffectFlag;
private int mStageCounter;
private long mTimeLogger;
private long mStageTime;
private long mTotalTime;

public UIModel(RectArea canvasArea) {
    RectArea mCanvasArea;
    mCanvasArea = canvasArea;

    //用于绘制游戏界面的上半区域源颜色
    mSrcPaintArea = new RectArea(
             canvasArea.mMinX,
             canvasArea.mMinY +
                    UI_ATTRIBUTE_TARGET_PAINT_AREA_MARGIN_TOP,
             canvasArea.mMaxX,
             canvasArea.mMaxY - canvasArea.mMaxX -
                    UI_ATTRIBUTE_INNER_PADDING_Y * 2
```

```
    );

    //游戏界面的下半区域是一个正方形显示区
    mTarPaintArea = new RectArea(
            canvasArea.mMinX,
            canvasArea.mMaxY - canvasArea.mMaxX -
                    UI_ATTRIBUTE_INNER_PADDING_Y,
            canvasArea.mMaxX,
            canvasArea.mMaxY);

    //以下代码用于设置目标区域的 9 个网格参数,也就是每个网格的起始位置
    mTarGrid = new RectArea[TOTAL_GRID_AMOUNT];
    //此处省略部分代码

    //设置源区域的位置
    mSrcGrid = new RectArea(
            UI_ATTRIBUTE_SOURCE_CELL_X_MARGIN,
            mSrcPaintArea.mMaxY - UI_ATTRIBUTE_INNER_PADDING_Y - gridSize,
            mCanvasArea.mMaxX - UI_ATTRIBUTE_SOURCE_CELL_X_MARGIN,
            mSrcPaintArea.mMaxY - UI_ATTRIBUTE_INNER_PADDING_Y
    );

    initStage();
    mGameStatus = GAME_STATUS_RUNNING;
    mEffectFlag = EFFECT_FLAG_NO_EFFECT;
}

public synchronized void updateUIModel() {
    long curTimeMillis = System.currentTimeMillis();
    mStageTime += curTimeMillis - mTimeLogger;
    mTimeLogger = curTimeMillis;
    if (mStageTime >= GAME_ATTRIBUTE_MAX_TIME_PER_STAGE) {
        mEffectFlag = EFFECT_FLAG_TIMEOUT;
        buildStage();
    }
}

private synchronized void buildStage() {
    mTotalTime += (mStageTime < GAME_ATTRIBUTE_MAX_TIME_PER_STAGE) ?
            mStageTime : GAME_ATTRIBUTE_MAX_TIME_PER_STAGE;
    mStageCounter++;
    if (mStageCounter < GAME_ATTRIBUTE_TOTAL_STAGE) {
        buildPaintArea(mStageCounter % GAME_ATTRIBUTE_TOTAL_LEVEL
                  + GAME_ATTRIBUTE_LEAST_COLOR);
        mStageTime = 0;
        mTimeLogger = System.currentTimeMillis();
    } else {
        mGameStatus = GAME_STATUS_GAMEOVER;
    }
}

private void initStage() {
    mStageCounter = 0;
```

```
        mStageTime = 0;
        mTotalTime = 0;
        mTimeLogger = System.currentTimeMillis();
        buildPaintArea(GAME_ATTRIBUTE_LEAST_COLOR);
    }

    private void buildPaintArea(int colorAmount) {
        //存放被选中的颜色
        int[] selColors = new int[colorAmount];
        for (int i = 0; i < colorAmount; i++) {
            selColors[i] = FIELD_VIRGIN;
        }
        //随机选择颜色
        randomMethod(selColors, 0, TOTAL_COLOR_AMOUNT);

        // 存放颜色填充的起始位置
        int[] srcPos = new int[colorAmount];
        for (int i = 0; i < colorAmount; i++) {
            srcPos[i] = FIELD_VIRGIN;
        }
        // 随机选择颜色填充的起始位置
        randomMethod(srcPos, 0, TOTAL_GRID_AMOUNT);

        int[] paintPos = new int[TOTAL_GRID_AMOUNT];
        for (int i = 0; i < TOTAL_GRID_AMOUNT; i++) {
            paintPos[i] = FIELD_VIRGIN;
        }
        for (int i = 0; i < colorAmount; i++) {
            // 填充扩充源颜色代码
            paintPos[srcPos[i]] = selColors[i];
        }

        // 扩充源位置下标
        int srcIndex;
        // 扩充源 Y 下标
        int srcIndexY;
        // 扩充源最小 X 下标
        int srcMinX;
        // 扩充源最大 X 下标
        int srcMaxX;
        // 开关位置下标
        int gateIndex;
        // 位置偏移值
        int posOffset;
        // 判断区域是否已经被标识的标志位
        boolean isDirty;

        //此处省略部分代码

        int minItemIndex;
        int maxItemIndex;
        int curColor;
        ColorData curColorData;
```

```
    RectArea curRectArea;
    mTarColor.clear();
    for (int i = 0; i < colorAmount; i++) {
        minItemIndex = FIELD_VIRGIN;
        maxItemIndex = FIELD_VIRGIN;
        curColor = selColors[i];
        curColorData = new ColorData();
        curColorData.setMBgColor(curColor);
        curColorData.setMTextColor(selColors[(i + 1) % colorAmount]);
        curColorData.setMText(selColors[(i + 2) % colorAmount]);
        for (int j = 0; j < TOTAL_COLOR_AMOUNT; j++) {
                if (paintPos[j] == curColor) {
                    if (minItemIndex == FIELD_VIRGIN) {
                        minItemIndex = j;
                    }
                    maxItemIndex = j;
                }
        }
        curRectArea = mTarGrid[minItemIndex];
        curColorData.mMinX = curRectArea.mMinX;
        curColorData.mMinY = curRectArea.mMinY;
        curRectArea = mTarGrid[maxItemIndex];
        curColorData.mMaxX = curRectArea.mMaxX;
        curColorData.mMaxY = curRectArea.mMaxY;
        mTarColor.add(curColorData);
    }

    // 随机生成 src 样式
    int[] srcColor = new int[3];
    for (int i = 0; i < srcColor.length; i++) {
        srcColor[i] = FIELD_VIRGIN;
    }
    randomMethod(srcColor, 0, colorAmount);
    mSrcColor = new ColorData();
    mSrcColor.setMBgColor(selColors[srcColor[0]]);
    mSrcColor.setMTextColor(selColors[srcColor[1]]);
    mSrcColor.setMText(selColors[srcColor[2]]);
    mSrcColor.mMinX = mSrcGrid.mMinX;
    mSrcColor.mMaxX = mSrcGrid.mMaxX;
    mSrcColor.mMinY = mSrcGrid.mMinY;
    mSrcColor.mMaxY = mSrcGrid.mMaxY;
}

private void randomMethod(int[] arr, int start, int end) {
    if (start >= end) {
        return;
    }
    for (int i = 0; i < arr.length; i++) {
        if (arr[i] == FIELD_VIRGIN) {
                arr[i] = FIELD_MARK;
                int selectedIndex = start + mRandom.nextInt(end - start);
                arr[i] = selectedIndex;
                randomMethod(arr, start, selectedIndex);
```

```
                randomMethod(arr, selectedIndex + 1, end);
                break;
            }
        }
    }

    public void checkSelection(int x, int y) {
        ColorData checkedData = null;
        for (ColorData curColorData : mTarColor) {
            if (curColorData.mMinX < x && curColorData.mMaxX > x
                    && curColorData.mMinY < y && curColorData.mMaxY > y) {
                checkedData = curColorData;
            }
        }
        if (checkedData != null) {
            if (mSrcColor.getMTextColor() == checkedData.getMText()) {
                mEffectFlag = EFFECT_FLAG_PASS;
                buildStage();
            } else {
                mEffectFlag = EFFECT_FLAG_MISS;
                mStageTime += 2500;
            }
        }
    }

    public RectF getSrcPaintArea() {
        return mSrcPaintArea.getRectF();
    }

    public RectF getTarPaintArea() {
        return mTarPaintArea.getRectF();
    }

    public List<ColorData> getTargetColor() {
        return mTarColor;
    }

    public ColorData getSourceColor() {
        return mSrcColor;
    }

    public String getStageText() {
        return (mStageCounter < GAME_ATTRIBUTE_TOTAL_STAGE ? (mStageCounter + 1)
                : mStageCounter)
                + "/" + GAME_ATTRIBUTE_TOTAL_STAGE;
    }

    public String getTimeText() {
        String decimal = String.valueOf((mStageTime % 1000) * 100 / 1000);
        if (decimal.length() < 2) {
            decimal += "0";
        }
        return mStageTime / 1000 + "." + decimal + "s";
```

```
    }

    public float getTimePercent() {
        return(1 - (float)mStageTime / GAME_ATTRIBUTE_MAX_TIME_PER_STAGE);
    }

    public float getFinalRecord() {
        return((float)mTotalTime / (mStageCounter * 1000));
    }

    public int getStatus() {
        return mGameStatus;
    }

    public int getEffectFlag() {
        try {
            return mEffectFlag;
        } finally {
            mEffectFlag = EFFECT_FLAG_NO_EFFECT;
        }
    }
}
```

13.3 游戏程序的主要 Java 文件及其功能

MixedColor 游戏程序包括如下所示主要类文件，它们的主要功能介绍如下。

1．MixedColorMenuActivity

MixedColorMenuActivity 是游戏程序的入口 Activity，显示程序的功能界面，点击按钮即可进入游戏、选项设置、查看排名、退出游戏等 Activity 界面。

2．MixedColorActivity

MixedColorActivity 用于设置游戏程序的实施界面。该 Activity 的布局只包含一个自定义的 MixedColorView 组件。其中，MixedColorView 将 SurfaceView 作为父类，进而采用 SurfaceView 双缓冲机制进行游戏界面的绘制，以提高游戏的显示效果。

3．MixedColorView

MixedColorView 是游戏程序的自定义组件。其借助游戏策略类 UIModel 来构建游戏界面的显示及游戏过程的控制。

4．UIModel

UIModel 用于设置游戏界面及策略控制，在逻辑上对游戏界面进行划分、生成随机界面及游戏颜色、实现玩家游戏过程的控制、完成游戏记分。

5．GlobalRankingActivity

GlobalRankingActivity 用于从服务器上获取所有玩家的排名并将顶级玩家在界面中显示出来，但是服务器代码需要自己编写。

6．Prefs

Prefs 是选项设置 Activity。可设置的选项包括是否播放声音效果、是否震动手机、是否显示提示 Activity、玩家的名称等。

7. RecordUpdateService

RecordUpdateService 是一个 Service，用于监听排名变化，并将变换的排名信息发送到服务器指定的后台程序。但是，服务器代码需要自己编写。

8. TipsActivity

TipsActivity 是进入游戏前的提示 Activity。这个 Activity 只有在选项配置中选中了显示 Tips 才会显示出来。

9. ColorData

ColorData 是用于配置游戏界面区域大小及颜色信息的 POJO。

10. RectArea

RectArea 用于表示游戏绘制区域的矩形形状。

11. HandleUtils

HandleUtils 是一个工具类，用于将实数的显示格式化。

12. MixedConstant

MixedConstant 是游戏中选项配置常量。

13.4 本章同步练习

这个游戏的主体功能可以运行，但是涉及网上登记游戏成绩的后台程序尚不完善，请阅读这个程序并完善后台服务器端功能。